全民阅读·经典小丛书

[明]朱柏庐 ◎ 著
冯慧娟 ◎ 编

朱子家训

吉林出版集团股份有限公司

版权所有　侵权必究
图书在版编目（CIP）数据

朱子家训 /（明）朱柏庐著；冯慧娟编 . —长春：吉林出版集团股份有限公司，2016.1
（全民阅读 . 经典小丛书）
ISBN 978-7-5534-9985-7

Ⅰ . ①朱… Ⅱ . ①朱… ②冯… Ⅲ . ①古汉语—启蒙读物 Ⅳ . ① H194.1

中国版本图书馆 CIP 数据核字 (2016) 第 031308 号

ZHUZI JIAXUN

朱子家训

作　　者：	[明] 朱柏庐　著　冯慧娟　编
出版策划：	孙　昶
选题策划：	冯子龙
责任编辑：	刘　洋
排　　版：	新华智品
出　　版：	吉林出版集团股份有限公司
	（长春市福祉大路 5788 号，邮政编码：130118）
发　　行：	吉林出版集团译文图书经营有限公司
	（http://shop34896900.taobao.com）
电　　话：	总编办 0431-81629909　　营销部 0431-81629880 / 81629881
印　　刷：	北京一鑫印务有限责任公司
开　　本：	640mm×940mm 1/16
印　　张：	10
字　　数：	130 千字
版　　次：	2016 年 7 月第 1 版
印　　次：	2019 年 6 月第 2 次印刷
书　　号：	ISBN 978-7-5534-9985-7
定　　价：	32.00 元

印装错误请与承印厂联系　　电话：18611383393

前言

  《朱子家训》又名《朱子治家格言》、《朱柏庐治家格言》，是清代学者朱用纯根据自己一生的研究，以儒家"修身"、"齐家"的核心思想为宗旨，广采儒家的为人处世经验编撰而成。作者朱用纯，字致一，自号柏庐，明末清初江苏昆山人。朱用纯一生研究程朱理学，主张知行并进，其著作有《删补易经蒙引》、《四书讲义》、《愧讷集》和《大学中庸讲义》等，其中以五百零六字的《朱子家训》最有影响，三百年来脍炙人口，家喻户晓。

  《朱子家训》通篇以对偶句一气呵成，言及卫生、安全、勤俭、饮食、房田、婚嫁、美色、祭祖、读书、教育、财酒、诚信、体恤、谦和、无争、交友、自省、向善、纳税、为官、顺应、安分等诸多内容。

  《朱子家训》本为朱用纯教育子女所用，他在家训中要子女安分守己、勤劳节俭、敦睦人伦，将古代圣贤理想用平白的话语说给子女们听。自问世以来流传甚广，被历代士大夫尊为"治家之经"，清至民国年间一度成为童蒙必读课本之一。由于其内容深刻、精警，而又明白如话，发人深思，故在民间广为流传。其中的一些话语，迄今已成为汉语中的常用成语，为百姓所乐道。

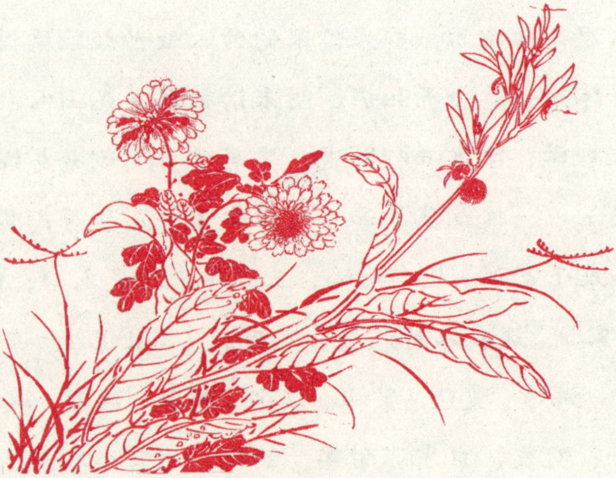

目录

朱子家训	○○一
礼仪	○一五
士冠礼第一	○一六
士昏礼第二	○二一
士相见礼第三	○二八
乡饮酒礼第四	○三○
乡射礼第五	○三八
燕礼第六	○五六
大射仪第七	○六四
聘礼第八	○八○
公食大夫礼第九	○九三
觐礼第十	○九七
丧服第十一	○九九
士丧礼第十二	一○三
既夕礼第十三	一一一

目录

士虞礼第十四……………………… 一一七

特牲馈食礼第十五……………… 一二二

少牢馈食礼第十六……………… 一三一

有司彻第十七……………………… 一三九

朱子家训

【原文】

黎明即起[1],洒扫庭除[2],要内外整洁。
既昏便息,关锁门户[3],必亲自检点[4]。

【注释】

〔1〕黎明:天快亮的一段时间叫黎明。
〔2〕庭除:庭院。刘兼诗:"月移花影过庭除。"
〔3〕门户:古代把双扇的门叫门,单扇的门叫户。
〔4〕检点:细心察看。

【译文】

天刚刚亮的时候就起身,洒水打扫庭院,要里里外外都整齐、干净。
天黑以后便休息,关好门,一切都要亲自来查看,以免疏漏。

【原文】

一粥一饭,当思来之不易;
半丝半缕,恒念物力维艰[1]。

【注释】

〔1〕恒:常常。

【译文】

吃饭的时候要想到粮食的来之不易。
对于衣服用度,要常常想着这些物资财来之不易,要珍惜。

【原文】

宜未雨而绸缪[1]，勿临渴而掘井。

【注释】

[1] 绸缪：《诗经·豳风·鸱鸮》："迨天之未阴雨，彻彼桑土，绸缪牖户。"这里指做好雨前的各种准备工做，即后世"未雨绸缪"之意。

【译文】

凡事要先做好准备工作，不要等到口渴了才想起来挖井。

【原文】

自奉必须俭约[1]，宴客切勿留连。

【注释】

[1] 自奉：对自己的奉养，也就是自己的生活消费。

【译文】

自己的生活消费要节俭，宴会宾客的时候一定不要沉迷不止。

【原文】

器具质而洁，瓦缶胜金玉[1]；
饮食约而精[2]，园蔬愈珍馐[3]。

【注释】

[1] 瓦缶：是一种瓦质容器，俗称瓦罐。
[2] 约：简约，简要，在这里当"简单"讲。
[3] 珍馐：珍奇贵重的食物。

【译文】

使用的器具质实而清洁,就是瓦罐也胜过了金碗玉器。

饮食虽节俭但精粹,就是自家园里的蔬菜也胜过了珍奇贵重的食物。

【原文】

勿营华屋,勿谋良田。

【译文】

不要营造华丽的住宅,不要谋求肥饶的田地。

【原文】

三姑六婆[1],实淫盗之媒[2];
婢美妾娇,非闺房之福。
童仆勿用俊美,妻妾切忌艳妆。

【注释】

〔1〕三姑六婆:据陶宗仪《辍耕录》,三姑指尼姑、道姑、卦姑,六婆指牙婆、媒婆、师婆、虔婆、药婆、稳婆。
〔2〕媒:媒介。

【译文】

三姑六婆这类人做的事都是不正派的;女仆美丽小妾娇媚,这并不是做妻子的福气。

童仆不要用模样俊美的,妻妾也切勿使她们浓妆艳抹。

【原文】

宗祖虽远，祭祀不可不诚；
子孙虽愚，经书不可不读[1]。

【注释】

[1] 经书：经是指《五经》，即《诗经》《书经》《易经》《礼记》《春秋》。书是指《四书》，即《论语》《孟子》《大学》《中庸》。

【译文】

宗祖虽然已成古人，但是祭祀时对他们一定要怀着诚心；子孙虽然还很愚顽，但是一定要让他们阅读儒家的经典著作。

【原文】

居身务期俭朴，教子要有义方[1]。

【注释】

[1] 义方：合乎义理的法则。《左传》上说："臣闻爱子，教子以义方。"义方就是教导子弟的正确方法。

【译文】

为人作风一定要俭朴，教导子弟一定要有正确的方法。

【原文】

勿贪意外之财，勿饮过量之酒。

【译文】

不要贪图意外的钱财，不要饮酒过量。

【原文】

与肩挑贸易[1]，勿占便宜；
见贫苦亲邻，须加温恤[2]。

【注释】

〔1〕与肩挑贸易：肩挑指肩挑货物到处销售者。贸易，以金钱或货物交换货物，俗称买卖。
〔2〕温恤：温，指温存，殷切慰问。恤，抚恤。

【译文】

和走街串巷的小商贩做买卖，不要占小便宜。
遇见生活贫苦的亲友或邻居，需要加以关切的慰问和体恤。

【原文】

刻薄成家，理无久享；
伦常乖舛[1]，立见消亡。

【注释】

〔1〕伦常乖舛：伦是指人伦，即君臣、父子、夫妇、兄弟、朋友。常是指五常，即仁、义、礼、智、信。伦常就是人类相处的伦理道德。乖舛，乖是冲突的意思，舛是错乱的意思。

【译文】

以刻薄持家，理当不会久长；人们的伦理道德意识互相冲突，错乱，毁灭的日子就不远了。

【原文】

兄弟叔侄，须分多润寡[1]；
长幼内外，宜法肃辞严。

【注释】

〔1〕分多润寡：分多，是从多的里边分出一部分，即把多的减少。润寡，润是修饰，这里应理解成增添的意思，寡是少。润寡是在少的部分上再增添一些。

【译文】

手足亲戚之间，需要互相帮助，富足的要救助贫困的；长幼辈分之下，礼法应该谨严，谈话应该庄重。

【原文】

听妇言，乖骨肉〔1〕，岂是丈夫？

【注释】

〔1〕乖骨肉：乖是冲突、矛盾的意思。骨肉，是比喻至亲。《吕氏春秋·精通》："父母之于子也，子之于父母也，一体而两分，同气而异息……痛疾相救，忧思相感，生则相欢，死则相哀，此之谓骨肉之亲。"此句可释为：乖离骨肉之情。

【译文】

听妇人之言，分离骨肉之情，使亲人不和，难道是大丈夫所为吗？

【原文】

重资财，薄父母，不成人子。

【译文】

看重钱财，亏待父母，这样的人就不成其为子女。

【原文】

嫁女择佳婿，勿索重聘[1]；
娶媳求淑女，勿计厚奁[2]。

【注释】

〔1〕勿索重聘：勿，不可以。索，索要，讨取。重聘，订婚的礼物叫聘金，大量的聘金叫重聘。
〔2〕奁：嫁妆，旧时为嫁女而置备的衣物、用具。李清照《凤凰台上忆吹箫》词："任宝奁尘满，日上帘钩。"

【译文】

嫁女儿要选择一个好夫婿，不要索取大量的订婚礼物；娶媳妇要求娶一个贤良的女子，不要计较她是否有丰厚的嫁妆。

【原文】

见富贵而生谄容者[1]，最可耻；
遇贫穷而作骄态者，贱莫甚。

【注释】

〔1〕谄容：逢迎讨好的言语和表情，俗称"拍马屁"。

【译文】

见富贵之人而生出巴结、奉承的态度的人，最可耻；遇贫穷之人而作出骄横无礼的表情的人，没有比他更可鄙视的人了。

【原文】

居家戒争讼[1]，讼者终凶；
处世戒多言，言多必失。

【注释】

〔1〕居家戒争讼：居，平常。戒，防止，避免。争讼，由互相争执引起的诉讼官司。

【译文】

居家过日子要避免争辩是非，不然的话要闹出不好的结果。为人处世不要讲话太多，话多了必然会出现失误。

【原文】

勿恃势力[1]，而凌逼孤寡[2]；
勿贪口腹，而恣杀牲禽。

【注释】

〔1〕恃：依赖，倚仗。
〔2〕凌逼孤寡：凌逼，欺凌逼迫。孤，失去父亲的孩子叫孤；寡，失去丈夫的人叫寡。

【译文】

不要仗着势力去凌侮逼迫孤儿寡妇，不要贪图口腹之享而毫无顾忌地宰杀禽畜。

【原文】

乖僻自是[1]，悔悟必多；
颓惰自甘[2]，家道难成。

【注释】

〔1〕乖僻自是：乖僻是形容一个人言行怪异。自是，自以为正确。这句的意思是一个性情古怪偏激的人常常认为自己的所作所为是对的。
〔2〕颓惰自甘：颓，是颓废，精神不振作。惰，是懒惰。自甘，自

己心甘情愿。

【译文】

一个性情古怪偏激、常常认为自己所作所为是正确的人，他一定悔悟很多；一个颓废懒惰、沉溺不悟的人，他一定治理不好自己的家业。

【原文】

狎昵恶少[1]，久必受其累[2]；
屈志老成[3]，急则可相依。

【注释】

〔1〕狎昵：不拘礼节的亲近叫狎昵。恶少，即行为不良的少年。
〔2〕久必受其累：累，牵涉，牵连。这一句的意思是如果与不良少年交往亲密，日子久了必定会受他的连累。
〔3〕屈志老成：屈志就是屈就的意思，高才任低职叫屈就。老成：《诗经·大雅》："虽无老成人，尚有典刑。"老成即老成持重的正人君子。

【译文】

如果与不良少年交往亲密，日子久了必定会受他的连累。
恭敬自谦，虚心地与那些阅历多而善于处事的人交往的人，是在危难之际可依靠的人。

【原文】

轻听发言[1]，安知非人之谮诉[2]，当忍耐三思；

【注释】

〔1〕轻听发言：轻听，轻易相信别人说的话。发言，

发表自己的意见。

〔2〕谮诉：以虚伪的事实诬陷别人。

【译文】

轻易相信别人说的话，如何知道那不是诬蔑人的坏话呢？应当耐心三思。

【原文】

因事相争，焉知非我之不是，须平心暗想。

【译文】

由于事端而发生争执，怎么知道那不是我自己的错误呢？需要静下心来认真思考。

【原文】

施惠勿念，受恩莫忘[1]。

【注释】

〔1〕施惠勿念，受恩莫忘：施恩惠于人，不要牢记在心；接受别人的恩惠，要牢记报答。

【译文】

施恩惠给别人，心里不要老记着；而接受了别人的恩惠，一定要想着报答。

【原文】

凡事当留余地，得意不宜再往。

【译文】

做任何事情都要留有余地，得意之后就应适可而止。

【原文】

人有喜庆，不可生妒嫉心；
人有祸患，不可生喜幸心。

【译文】

他人有喜庆之事，不可产生嫉妒的心理；他人遭遇到祸患，不可产生幸灾乐祸的心理。

【原文】

善欲人见，不是真善[1]；
恶恐人知，便是大恶。

【注释】

[1] 善欲人见，不是真善：欲，希望。这一句的大意是一个人做了好事想要别人知道，这不是真正的做好事。

【译文】

一个人做了好事想要别人知道，这不是真正的做好事；一个人做了坏事唯恐他人知道，这种做法更加错误。

【原文】

见色而起淫心，报在妻女；

【译文】

人如果见美色而产生淫欲之心，那么就会报应在他自己的妻女身上。

【原文】

匿怨而用暗箭，祸延子孙。

【译文】

人如果怀恨在心而用暗箭伤人，那么祸患将延及他的子孙。

【原文】

家门和顺，虽饔飧不继[1]，亦有余欢；
国课早完[2]，即囊橐无余[3]，自得至乐。

【注释】

〔1〕饔飧：早餐叫饔，晚餐则叫飧。饔飧是一日三餐的意思。
〔2〕国课：国家规定的租税。
〔3〕囊橐：大袋叫囊，小袋叫橐。

【译文】

家庭和睦，即使一日三餐不保，也有充足的欢乐。
国家的赋税早早交完，即使口袋中没有了剩余，也能自得快乐。

【原文】

读书志在圣贤，非徒科第；
为官心存君国，岂计身家。

【译文】

读书目的在于继承圣贤之道，而不只是获取功名。
为官之人心中想的是国家，哪里顾及个人身家性命。

【原文】

守分安命，顺时听天；
为人若此，庶乎近焉[1]。

【注释】

[1] 庶乎：差不多，即几乎。

【译文】

安守本分，顺应天命；为人像这样，就差不多接近最佳境界了。

仪礼

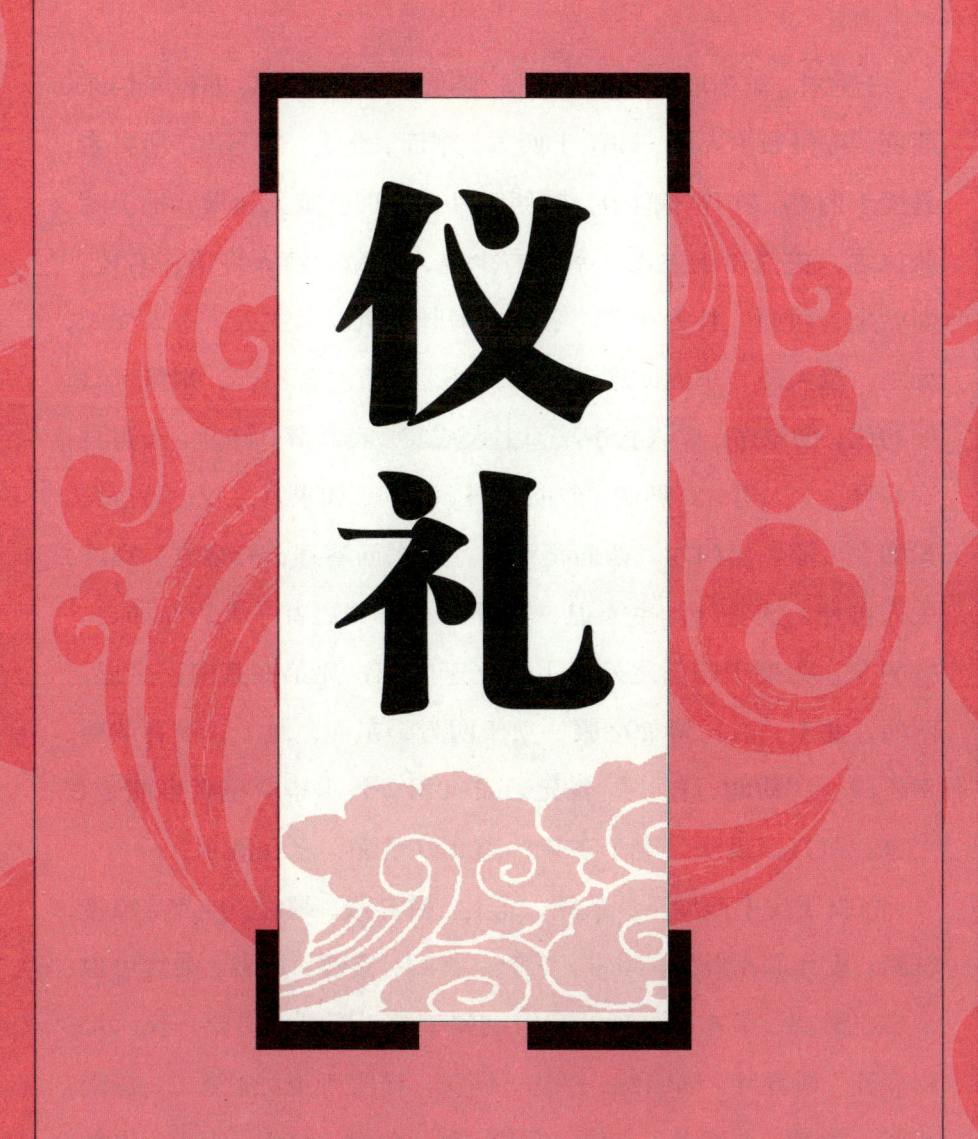

士冠礼第一

　　士冠礼。筮于庙门。主人玄冠，朝服，缁带，素韠，即位于门东，西面。有司如主人服，即位于西方，东面，北上。筮与席、所卦者，具馔于西塾。布席于门中，闑西阈外，西面。筮人执策，抽上韇，兼执之，进受命于主人。宰自右少退，赞命。筮人许诺，右还，即席坐，西面。卦者在左。卒筮，书卦，执以示主人。主人受眡，反之。筮人还，东面，旅占，卒，进，告吉。若不吉，则筮远日，如初仪。彻筮席。宗人告事毕。主人戒宾。宾礼辞，许。主人再拜，宾答拜。主人退，宾拜送。前期三日，筮宾，如求日之仪。乃宿宾。宾如主人服，出门左，西面再拜。主人东面答拜，乃宿宾。宾许，主人再拜，宾答拜。主人退，宾拜送。宿赞冠者一人，亦如之。厥明夕，为期于庙门之外。主人立于门东，兄弟在其南，少退，西面，北上。有司皆如宿服，立于西方，东面，北上，摈者请期，宰告曰："质明行事。"告兄弟及有司。告事毕。摈者告期于宾之家。夙兴，设洗，直于东荣，南北以堂深，水在洗东。

　　陈服于房中西墉下，东领，北上。爵弁服，纁裳，纯衣，缁带，韎韐。皮弁服：素积，缁带，素韠。玄端，玄裳、黄裳、杂裳可也，缁带，爵韠。缁布冠缺项，青组缨属于缺，缁纚广终幅，长六尺，皮弁笄，爵弁笄，缁组纮，纁边，同箧。栉实于箪。蒲筵二，在南。侧尊一甒醴，在服北。有篚，实勺、觯、角柶。脯醢，南上。爵弁、皮弁、缁布冠各一匴，执以待于西坫南，南面，东上。宾升则东面。

　　主人玄端爵韠，立于阼阶下，直东序，西面。兄弟毕袗玄，立于洗东,西面,北上。摈者玄端,负东塾。将冠者采衣,紒,在房中,南面。宾如主人服,赞者玄端从之,立于外门之外。

摈者告。主人迎,出门左,西面,再拜。宾答拜。主人揖赞者,与宾揖,先入。每曲揖。至于庙门,揖入。三揖,至于阶,三让。主人升,立于序端,西面。宾西序,东面。赞者盥于洗西,升,立于房中,西面,南上。

主人之赞者筵于东序,少北,西面。将冠者出房,南面。赞者奠纚、笄、栉于筵南端。宾揖将冠者,将冠者即筵坐。赞者坐,栉,设纚。宾降,主人降。宾辞,主人对。宾盥,卒,壹揖,壹让,升。主人升,复初位。宾筵前坐,正纚,兴,降西阶一等。执冠者升一等,东面授宾。宾右手执项,左手执前,进容,乃祝,坐如初,乃冠,兴,复位。赞者卒。冠者兴,宾揖之。适房,服玄端爵韠,出房,南面。

宾揖之,即筵坐,栉,设笄。宾盥、正纚如初,降二等,受皮弁,右执项,左执前,进、祝、加之如初,复位。赞者卒纮。兴,宾揖之。适房,服素积素韠,容,出房,南面。宾降三等,受爵弁,加之,服纁裳韎韐,其他如加皮弁之仪。彻皮弁、冠、栉、筵,入于房。筵于户西,南面。赞者洗于房中,侧酌醴;加柶,

覆之，面叶。宾揖，冠者就筵，筵西，南面。宾授醴于户东，加柶，面枋，筵前北面。冠者筵西拜受觯，宾东面答拜。荐脯醢。冠者即筵坐，左执觯，右祭脯醢，以柶祭醴三，兴；筵末坐，啐醴，建柶，兴；降筵，坐奠觯，拜；执觯兴。宾答拜。

冠者奠觯于荐东，降筵；北面坐取脯；降自西阶，适东壁，北面见于母。母拜受，子拜送，母又拜。

宾降，直西序，东面。主人降，复初位。冠者立于西阶东，南面。宾字之，冠者对。

宾出主人送于庙门外。请醴宾，宾礼辞，许。宾就次。冠者见于兄弟，兄弟再拜，冠者答拜。见赞者，西面拜，亦如之。入见姑、姊，如见母。乃易服，服玄冠、玄端、爵韠，奠挚见于君。

遂以挚见于乡大夫、乡先生。乃醴宾，以一献之礼。主人酬宾，束帛、俪皮。赞者皆与。赞冠者为介。宾出，主人送于外门外，再拜；归宾俎。

若不醴，则醮用酒。尊于房户之间，两甒，有禁，玄酒在西，加勺，南枋。洗，有篚在西，南顺。始加，醮用脯醢；宾降，取爵于篚，辞降如初；卒洗，升酌。冠者拜受，宾答拜如初。冠者升筵，坐；左执爵，右祭脯醢，祭酒，兴；筵末坐，啐酒；降筵，拜。宾答拜。冠者奠爵于荐东，立于筵西。彻荐、爵，筵尊不彻。加皮弁，如初仪；再醮，摄酒，其他皆如初。加爵弁，如初仪；三醮有干肉折俎，哜之，其他如初。北面取脯，见于母。若杀，则特豚，载合升，离肺实于鼎，设扃鼏。始醮，如初。再醮，两豆，葵菹、蠃醢；两笾，栗、脯。三醮，摄酒如再醮，加俎，哜之，皆如初，哜肺。卒醮，取笾脯以降，如初。

若孤子，则父兄戒、宿。冠之日，主人紒而迎宾，拜，揖，让，立于序端，皆如冠主；礼于阼。凡拜，北面于阼阶上，宾亦北面于西阶上答拜。若杀，则举鼎陈于门外，直东塾，北面。若庶子，则冠于房外，南面，遂醮焉。冠者母不在，则使人受脯于西阶下。

戒宾，曰："某有子某。将加布于其首，愿吾子之教之也。"宾对曰："某不敏，恐不能共事，以病吾子，敢辞。"主人曰："某犹愿吾子之终教之也！"宾对曰："吾子重有命，某敢不从？"宿，曰："某将加布于某之首，吾子将莅之，敢宿。"宾对曰："某敢不夙兴？"始加，祝曰："令月吉日，始加元服。弃尔幼志，顺尔成德。寿考惟祺，介尔景福。"再加，曰："吉月令辰，乃申尔服。敬尔威仪,淑慎尔德。眉寿万年,永受胡福。"三加,曰:"以岁之正,以月之令,咸加尔服。兄弟具在,以成厥德。黄耇无疆,受天之庆。"醴辞曰:"甘醴惟厚,嘉荐令芳。拜受祭之,以定尔祥。承天之休,寿考不忘。"

醮辞曰:"旨酒既清,嘉荐亶时。始加元服,兄弟具来。孝友时格,永乃保之。"再醮,曰:"旨酒既湑,嘉荐伊脯。乃申尔服,礼仪有序。祭此嘉爵,承天之祜。"三醮,曰:"旨酒令芳,笾豆有楚。咸加尔服,肴升折俎。承天之庆,受福无疆。"字辞曰:"礼仪既备,令月吉日,昭告尔字。爰字孔嘉,髦士攸宜。宜之于假,永受保之,曰伯某甫。"仲、叔、季唯其所当。屦,夏用葛。玄端黑屦,青絇繶纯,纯博寸。素积白屦,以魁柎之,缁絇繶纯,纯博寸。爵弁纁屦,黑絇繶纯,纯博寸。冬,皮屦可也。不屦繐屦。

记。冠义:始冠,缁布之冠也。大古冠布,齐则缁之。其緌也,孔子曰:"吾未之闻也,冠而敝之可也。"适子冠于阼,以著代也。醮于客位,加有成也。

三加弥尊,谕其志也。冠而字之,敬其名也。委貌,周道也。章甫,殷道也。毋追,夏后氏之道也。周弁。殷冔。夏收。三王共皮弁素积。无大夫冠礼,而有其昏礼。古者五十而后爵,何大夫冠礼之有?公侯之有冠礼也,夏之末造也。天子之元子,犹士也,天下无生而贵者也。继世以立诸侯,象贤也。以官爵人,德之杀也。死而谥,今也。古者生无爵,死无谥。

士昏礼第二

昏礼。下达。纳采，用雁。主人筵于户西，西上，右几。使者玄端至。摈者出请事，入告。主人如宾服，迎于门外，再拜，宾不答拜。揖入。至于庙门，揖入；三揖，至于阶，三让。主人以宾升，西面。宾升西阶。当阿，东面致命。主人阼阶上北面再拜；授于楹间，南面。宾降，出。主人降，授老雁。摈者出请。宾执雁，请问名，主人许。宾入，授，如初礼。摈者出请，宾告事毕。入告，出请醴宾。宾礼辞，许。主人彻几，改筵，东上。侧尊甒醴于房中。主人迎宾于庙门外，揖让如初，升。主人北面，再拜，宾西阶上北面答拜。主人拂几授校，拜送。宾以几辟，北面设于坐，左之，西阶上答拜。赞者酌醴，加角柶，面叶，出于房。主人受醴，面枋，筵前西北面。宾拜受醴，复位。主人阼阶上拜送。赞者荐脯醢。宾即筵坐，左执觯，祭脯醢，以柶祭醴三，西阶上北面坐，啐醴，建柶，兴，坐奠觯，遂拜。主人答拜。宾即筵，奠于荐左，降筵，北面坐取脯。主人辞。宾降，授人脯，出。主人送于门外，再拜。

纳吉用雁，如纳采礼。纳征：玄纁束帛，俪皮。如纳吉礼。请期，用雁。主人辞。宾许，告期，如纳征礼。期，初昏，陈三鼎于寝门外东方，北面，北上。其实特豚，合升，去蹄。举肺脊二、祭肺二、鱼十有四、腊一胖。髀不升，皆饪。设扃鼏。设洗于阼阶东南。馔于房中：醯酱二豆，菹醢四豆，兼巾之；黍稷四敦，皆盖。大羹湆在爨。尊于室中北墉下，有禁，玄酒在西，绤幂，加勺，皆南枋。尊于房户之东，无玄酒，篚在南，实四爵合卺。

主人爵弁，纁裳缁袘。从者毕玄端。乘墨车，从车二乘，执烛前马。妇车亦如之，有裧。至于门外。主人筵于户西，西上，右几。

女次，纯衣纁袡，立于房中，南面。姆纚笄宵衣，在其右。女从者毕袗玄，纚笄，被纚黼，在其后。主人玄端迎于门外，西面再拜，宾东面答拜。主人揖入，宾执雁从。至于庙门，揖入。三揖，至于阶，三让。主人升，西面。宾升，北面，奠雁，再拜稽首，降，出。妇从，降自西阶。主人不降送。婿御妇车，授绥，姆辞不受。妇乘以几，姆加景，乃驱。御者代。婿乘其车先，俟于门外。

妇至，主人揖妇以入。及寝门，揖入，升自西阶，媵布席于奥。夫入于室，即席，妇尊西，南面。媵御沃盥交。赞者彻尊幂。举者盥，出，除幂，举鼎入，陈于阼阶南，西面，北上。匕俎从设，

北面载，执而俟。匕者逆退，复位于门东，北面，西上。赞者设酱于席前，菹醢在其北。俎入，设于豆东。鱼次。腊特于俎北。赞设黍于酱东，稷在其东。设湆于酱南。设对酱于东，菹醢在其南，北上。设黍于腊北，其西稷。设湆于酱北。御布对席，赞启会，却于敦南，对敦于北。赞告具。揖妇，即对筵，皆坐。皆祭，祭荐、黍、稷、肺。赞尔黍，授肺脊，皆食，以湆酱，皆祭举、食举也。三饭，卒食。赞洗爵，酌酳主人，主人拜受，赞户内北面答拜。酳妇亦如之。皆祭。赞以肝从，皆振祭，嚌肝，皆实于菹豆。卒爵，皆拜。赞答拜，受爵，再酳如初，无从，三酳用卺，亦如之。赞洗爵，酌于户外尊，入户，西北面奠爵，拜。皆答拜。坐祭，卒爵，拜。皆答拜。兴。主人出，妇复位。乃彻于房中，如设于室，尊否。主人说服于房，媵受；妇说服于室，御受。姆授巾。御衽于奥，媵衽良席在东，皆有枕，北止。主人入，亲说妇之缨。烛出。媵馂主人之馀，御馂妇馀，赞酌外尊酳之。媵侍于户外，呼则闻。夙兴，妇沐浴，纚笄、宵衣以俟见。质明，赞见妇于舅姑。席于阼，舅即席。席于房外，南面，姑即席。妇执笲枣、栗，自门入，升自西阶，进拜，奠于席。舅坐抚之，兴，答拜。妇还，又拜，降阶，受笲腵脩，升，进，北面拜，奠于席。姑坐举以兴，拜，授人。

赞醴妇。席于户牖间，侧尊甒醴于房中。妇疑立于席西。赞者酌醴，加柶，面枋，出房，席前北面。妇东面拜受。赞西阶上北面拜送。妇又拜。荐脯醢。妇升席，左执觯，右祭脯醢，以柶祭醴三，降席，东面坐，啐醴，建柶，兴，拜。赞答拜。妇又拜，奠于荐东，北面坐取脯；降，出，授人于门外。

舅姑入于室，妇盥馈。特豚，合升，侧载，无鱼腊，无稷。并南上。其他如取女礼。妇赞成祭，卒食，一酳，无从。席于北墉下。妇撤，设席前如初，西上。妇馂，舅辞，易酱。妇馂姑之馔，御赞祭豆、黍、肺、举肺、脊，乃食，卒。姑酳之，妇拜受，姑拜送。坐祭，卒爵，姑受，奠之。妇撤于房中，媵御馂，姑酳之，虽无娣，媵先。于是与始饭之错。

舅姑共飨妇以一献之礼。舅洗于南洗，姑洗于北洗，奠酬。舅姑先降自西阶，妇降自阼阶。归妇俎于妇氏人。

舅飨送者以一献之礼，酬以束锦。姑飨妇人送者，酬以束锦。若异邦，则赠丈夫送者以束锦。

若舅姑既没，则妇入三月，乃奠菜。席于庙奥，东面，右几。席于北方，南面。祝盥，妇盥于门外。妇执笲菜，祝帅妇以入。祝告，称妇之姓，曰："某氏来妇，敢奠嘉菜于皇舅某子。"妇拜扱地，坐奠菜于几东席上，还，又拜如初。妇降堂，取笲菜，入，祝曰："某氏来妇，敢告于皇姑某氏。"奠菜于席，如初礼。妇出，祝阖牖户。老醴妇于房中，南面，如舅姑醴妇之礼。婿飨妇送者丈夫、妇人，如舅姑飨礼。

记士昏礼，凡行事必用昏昕，受诸祢庙，辞无不腆，无辱。挚不用死，皮帛必可制。腊必用鲜，鱼用鲋，必殽全。女子许嫁，笄而醴之，称字。祖庙未毁，教于公宫，三月。若祖庙已毁，则教于宗室。问名。主人受雁，还，西面对。宾受命乃降。祭醴，始扱一祭，又扱再祭。宾右取脯，左奉之；乃归，执以反命。纳征：执皮，摄之，内文；兼执足，左首；随入，西上；参分庭一，在南。宾致命，释外足，见文。主人受币，士受皮者自东出于后，自左受，遂坐摄皮。逆退，适东壁。

父醴女而俟迎者，母南面于房外。女出于母左，父西面戒之，必有正焉。若衣，若笄，母戒诸西阶上，不降。妇乘以几，从者二人坐持几，相对。妇入寝门，赞者彻尊幂，酌玄酒，三属于尊，弃馀水于堂下阶间，加勺。笄，缁被纁里，加于桥。舅答拜，宰彻笄。

妇席荐馔于房。飨妇，姑荐焉。妇洗在北堂，直室东隅；篚在东，北面盥。妇酢舅，更爵，自荐；不敢辞洗，舅降则辟于房，不敢拜洗。凡妇人相飨，无降。妇入三月，然后祭行。

庶妇，则使人醮之。妇不馈。

昏辞曰:"吾子有惠,贶室某也。某有先人之礼,使某也请纳采。"对曰:"某之子蠢愚,又弗能教。吾子命之,某不敢辞。"致命,曰:"敢纳采。"问名,曰:"某既受命,将加诸卜,敢请女为谁氏?"对曰:"吾子有命,且以备数而择之,某不敢辞。"

醴,曰:"子为事故,至于某之室。某有先人之礼,请醴从者。"对曰:"某既得将事矣,敢辞。""先人之礼,敢固以请。""某辞不得命,敢不从也?"纳吉,曰:"吾子有贶命,某加诸卜,占曰'吉'。使某也敢告。"对曰:"某之子不教,唯恐弗堪。子有吉,我与在。某不敢辞。"

纳征,曰:"吾子有嘉命,贶室某也。某有先人之礼,俪皮束帛,使某也请纳征。"致命,曰:"某敢纳征。"对曰:"吾子顺先典,贶某重礼,某不敢辞,敢不承命?"

请期,曰:"吾子有赐命,某既申受命矣。惟是三族之不虞,使某也请吉日。"对曰:"某既前受命矣,唯命是听。"曰:"某命某听命于吾子。"对曰:"某固唯命是听。"使者曰:"某使

某受命，吾子不许，某敢不告期？"曰某日。对曰："某敢不敬须？"

凡使者归，反命，曰："某既得将事矣，敢以礼告。"主人曰："闻命矣。"父醮子，命之，曰："往迎尔相，承我宗事。勖帅以敬，先妣之嗣。若则有常。"子曰："诺。唯恐弗堪，不敢忘命。"

宾至摈者请，对曰："吾子命某，以兹初昏，使某将，请承命。"对曰："某固敬具以须。"

父送女，命之曰："戒之敬之，夙夜毋违命！"母施衿结帨，曰："勉之敬之，夙夜无违宫事！"庶母及门内，施鞶，申之以父母之命，命之曰："敬恭听，宗尔父母之言。夙夜无愆，视诸衿鞶！"婿授绥，姆辞曰："未教，不足与为礼也。"

宗子无父，母命之。亲皆没，己躬命之。支子，则称其宗。弟，称其兄。

若不亲迎，则妇入三月，然后婿见，曰："某以得为外昏姻，请觌。"主人对曰："某以得为外昏姻之数，某之子未得濯溉于祭祀，是以未敢见。今吾子辱，请吾子之就宫，某将走见。"对曰："某以非他故，不足以辱命，请终赐见。"对曰："某得以为昏姻之故，不敢固辞，敢不从！"主人出门左，西面。婿入门，东面，奠挚，再拜，出。摈者以挚出，请受。婿礼辞，许，受挚，入。主人再拜受，婿再拜送，出。见主妇，主妇阖扉，立于其内。婿立于门外，东面。主妇一拜。婿答再拜，主妇又拜，婿出。主人请醴，及揖让入。醴以一献之礼。主妇荐，奠酬，无币。婿出，主人送，再拜。

士相见礼第三

士相见之礼。挚，冬用雉，夏用腒。左头奉之，曰："某也愿见，无由达。某子以命命某见。"主人对曰："某子命某见，吾子有辱。请吾子之就家也，某将走见。"宾对曰："某不足以辱命，请终赐见。"主人曰："某不敢为仪，固请吾子之就家也，某将走见。"宾对曰："某不敢为仪，固以请。"主人对曰："某也固辞，不得命，将走见。闻吾子称挚，敢辞挚。"宾对曰："某不以挚，不敢见。"主人对曰："某不足以习礼，敢固辞。"宾对曰："某也不依于挚，不敢见，固以请。"主人对曰："某也固辞，不得命，敢不敬从！"出迎于门外，再拜。客答再拜。主人揖，入门右。宾奉挚，入门左。主人再拜受，宾再拜送挚，出。主人请见，宾反见，退。主人送于门外，再拜。

主人复见之，以其挚，曰："曏者吾子辱，使某见。请还挚于将命者。"主人对曰："某也既得见矣，敢辞。"宾对曰："某也非敢求见，请还挚于将命者。"主人对曰："某也既得见矣，敢固辞。"宾对曰："某不敢以闻，固以请于将命者。"主人对曰："某也固辞，不得命，敢不从？"宾奉挚入，

主人再拜受。宾再拜送挚,出。主人送于门外,再拜。

士见于大夫,终辞其挚。于其入也,一拜其辱也。宾退,送,再拜。若尝为臣者,则礼辞其挚,曰:"某也辞,不得命,不敢固辞。"宾入,奠挚,再拜,主人答壹拜,宾出。使摈者还其挚于门外,曰:"某也使其还挚。"宾对曰:"某也既得见矣,敢辞。"摈者对曰:"某也命某:'某非敢为仪也。'敢以请。"宾对曰:"某也,夫子之贱私,不足以践礼,敢固辞!"摈者对曰:"某也使某,不敢为仪也,固以请!"宾对曰:"某固辞,不得命,敢不从?"再拜受。

下大夫相见以雁,饰之以布,维之以索,如执雉。上大夫相见以羔,饰之以布,四维之,结于面;左头,如麛执之。如士相见之礼。

始见于君执挚,至下,容弥蹙。庶人见于君,不为容,进退走。士大夫则奠挚,再拜稽首;君答壹拜。若他邦之人,则使摈者还其挚,曰:"寡君使某还挚。"宾对曰:"君不有其外臣,臣不敢辞。"再拜稽首,受。

凡燕见于君,必辩君之南面。若不得,则正方,不疑君。君在堂,升见无方阶,辩君所在。

凡言,非对也,妥而后传言。与君言,言使臣。与大人言,言事君。与老者言,言使弟子。与幼者言,言孝弟于父兄。与众言,言忠信慈祥。与居官者言,言忠信。凡与大人言,始视面,中视抱,卒视面,毋改。众皆若是。若父,则游目,毋上于面,毋下于带。若不言,立则视足,坐则视膝。

凡侍坐于君子，君子欠伸，问日之早晏，以食具告，改居，则请退可也。夜侍坐，问夜，膳荤，请退可也。

若君赐之食，则君祭先饭，遍尝膳，饮而俟，君命之食，然后食。若有将食者，则俟君之食，然后食。若君赐之爵，则下席，再拜稽首，受爵，升席祭，卒爵而俟，君卒爵，然后授虚爵。退，坐取屦，隐辟而后屦。君为之兴，则曰："君无为兴，臣不敢辞。"君若降送之。则不敢顾辞，遂出。大夫则辞，退下，比及门三辞。

若先生异爵者请见之，则辞。辞不得命，则曰："某无以见，辞不得命，将走见。"先见之。

非以君命使，则不称寡。大夫士，则曰寡君之老。凡执币者，不趋，容弥蹙以为仪。执玉者，则唯舒武，举前曳踵。凡自称于君，士大夫则曰下臣。宅者在邦，则曰市井之臣；在野，则曰草茅之臣，庶人则曰刺草之臣。他国之人则曰外臣。

乡饮酒礼第四

乡饮酒之礼。主人就先生而谋宾、介。主人戒宾，宾拜辱；主人答拜，乃请宾。宾礼辞，许。主人再拜，宾答拜。主人退，宾拜辱。介亦如之。

乃席宾、主人、介、众宾之席，皆不属焉。尊两壶于房户间，斯禁，有玄酒，在西。设篚于禁南，东肆，加二勺于两壶。设洗于阼阶东南，南北以堂深，东西当东荣。水在洗东，篚在洗西，南肆。

羹定，主人速宾，宾拜辱，主人答拜。还，宾拜辱。介亦如之。宾及众宾皆从之。主人一相迎于门外，再拜宾，宾答拜；拜介，介答拜；揖众宾。主人揖，先入。宾厌介，入门左；介厌众宾，入；众宾皆入门左；北上。主人与宾三揖，至于阶，三让。主人升，宾升。主人阼阶上当楣北面再拜。宾西阶上当楣北面答拜。

主人坐取爵于篚，降洗。宾降。主人坐奠爵于阶前，辞。宾对。主人坐取爵，兴，适洗，南面坐，奠爵于篚下，盥洗，宾进东，北面辞洗。主人坐奠爵于篚，兴对。宾复位，当西序，东面。主人坐取爵，沃洗者西北面。卒洗，主人壹揖，壹让。升。宾拜洗。主人坐奠爵，遂拜。降盥。宾降，主人辞；宾对，复位，当西序。

卒盥，揖让升。宾西阶上疑立。主人坐取爵，实之宾之席前，西北面献宾。宾西阶上拜，主人少退。宾进受爵，以复位。主人阼阶上拜送爵，宾少退。荐脯醢。宾升席，自西方。乃设折俎。主人阼阶东疑立。宾坐，左执爵，祭脯醢，奠爵于荐西，兴；右手取肺，却左手执本，坐，弗缭，右绝末以祭，尚左手，嚌之，兴；加于俎，坐挩手，遂祭酒，兴；席末坐，啐酒，降席，坐奠爵，拜，告旨，执爵兴。主人阼阶上答拜。宾西阶上北面坐，卒爵，兴；坐奠爵，遂拜，执爵兴。主人阼阶上答拜。

宾降洗，主人降。宾坐奠爵，兴辞，主人对。宾坐取爵，适洗南，北面。主人阼阶东，南面辞洗。宾坐奠爵于篚，兴对。主人复阼阶东，西面。宾东北面盥，坐取爵，卒洗，揖让如初，升。主人拜洗。宾答拜，兴，降盥，如主人礼。宾实爵主人之席前，东南

面酢主人。主人阼阶上拜，宾少退。主人进受爵，复位，宾西阶上拜送爵。荐脯醢。主人升席自北方。设折俎。祭如宾礼，不告旨。自席前适阼阶上，北面坐卒爵，兴，坐奠爵，遂拜，执爵兴。宾西阶上答拜。主人坐奠爵于序端，阼阶上北面再拜崇酒。宾西阶上答拜。

主人坐取觯于篚，降洗。宾降，主人辞降。宾不辞洗，立当西序，东面。卒洗，揖让升。宾西阶上疑立。主人实觯酬宾，阼阶上北面坐奠觯，遂拜，执觯兴。宾西阶上答拜。坐祭，遂饮，卒觯，兴；坐奠觯，遂拜，执觯兴。宾西阶上答拜。主人降洗；宾降辞，如献礼，升，不拜洗。宾西阶上立；主人实觯宾之席前，北面；宾西阶上拜；主人少退，卒拜进，坐奠觯于荐西；宾辞，坐取觯，复位；主人阼阶上拜送；宾北面坐奠觯于荐东，复位。

主人揖，降。宾降立于阶西，当序，东面。主人以介揖让升，拜如宾礼。主人坐取爵于东序端，降洗；介降，主人辞降；介辞洗，如宾礼，升，不拜洗。介西阶上立。主人实爵介之席前，西南面献介。介西阶上北面拜，主人少退；介进，北面受爵，复位。主人介右北面拜送爵，介少退。主人立于西阶东。荐脯醢。介升席自北方，设折俎。祭如宾礼，不嚌肺，不啐酒，不告旨，自南方降席，北面坐卒爵，兴，坐奠爵，遂拜，执爵兴。主人介右答拜。

介降洗，主人复阼阶，降辞如初。卒洗，主人盥。介揖让升，授主人爵于两楹之间。介西阶上立。主人实爵，酢于西阶上，介右坐奠爵，遂拜，执爵兴。介答拜。主人坐祭，遂饮，卒爵，兴；坐奠爵，遂拜，执爵兴。介答拜。主人坐奠爵于西楹南，介右再拜崇酒；介答拜。

主人复阼阶，揖降，介降立于宾南。主人西南面三拜众宾，众宾皆答壹拜。主人揖升，坐取爵于西楹下；降洗，升实爵，于西阶上献众宾。众宾之长升拜受者三人，主人拜送。坐祭，立饮，不拜既爵；授主人爵，降复位。众宾献，则不拜受爵，坐祭，立饮。每一人献，则荐诸其席。众宾辩有脯醢。主人以爵降，奠于篚。

揖让升，宾厌介升，介厌众宾升，众宾序升，即席。一人洗，升，举觯于宾。实觯，西阶上坐奠觯，遂拜，执觯兴，宾席末答拜；坐祭，遂饮，卒觯，兴，坐奠觯，遂拜，执觯兴，宾答拜。降洗，升，实觯，立于西阶上宾拜；进坐奠觯于荐西，宾辞，坐受以兴。举觯者西阶上拜送，宾坐奠觯于其所。举觯者降。

设席于堂廉，东上。工四人，二瑟，瑟先。相者二人，皆左何瑟，后首，挎越，内弦，右手相。乐正先升，立于西阶东。工人，升自西阶。北面坐。相者东面坐，遂授瑟，乃降。工歌《鹿鸣》《四牡》《皇皇者华》。卒歌，主人献工。工左瑟，一人拜，不兴，受爵。主人阼阶上拜送爵。荐脯醢。使人相祭。工饮，不拜既爵，授主人爵。众工则不拜，受爵，祭，饮辩有脯醢，不祭。大师则为之洗。宾、介降，主人辞降。工不辞洗。

笙入堂下，磬南，北面立，乐《南陔》《白华》《华黍》。主人献之于西阶上。一人拜，尽阶，不升堂，受爵，主人拜送爵。阶前坐祭，立饮，不拜既爵，升授主人爵。众笙则不拜，受爵，坐祭，立饮；辩有脯醢，不祭。

乃间歌《鱼丽》，笙《由庚》；歌《南有嘉鱼》，笙《崇丘》；

歌《南山有台》，笙《由仪》。

乃合乐：《周南·关雎》《葛覃》《卷耳》《召南·鹊巢》《采蘩》《采蘋》。工告于乐正曰："正歌备。"乐正告于宾，乃降。

主人降席自南方，侧降；作相为司正。司正礼辞，许诺。主人拜，司正答拜。主人升，复席。司正洗觯，升自西阶，阼阶上北面受命于主人。主人曰："请安于宾。"司正告于宾，宾礼辞，许。司正告于主人。主人阼阶上再拜，宾西阶上答拜。司正立于楹间以相拜，皆揖，复席。

司正实觯，降自西阶，阶间北面坐奠觯；退共，少立；坐取觯，不祭，遂饮，卒觯兴，坐奠觯，遂拜；执觯兴，盥洗；北面坐奠觯于其所，退立于觯南。

宾北面坐取俎西之觯，阼阶上北面酬主人。主人降席，立于宾东。宾坐奠觯，遂拜，执觯兴，主人答拜。不祭，立饮，不拜，卒觯，不洗，实觯，东南面授主人。主人阼阶上拜，宾少退。主人受觯，宾拜送于主人之西。宾揖，复席。主人西阶上酬介。介降席自南方，立于主人之西，如宾酬主人之礼。主人揖，复席。

司正升相旅，曰："某子受酬。"受酬者降席。司正退立于序端，东面。受酬者自介右，众受酬者受自左，拜、兴、饮，皆如宾酬主人之礼。辩，卒受者以觯降，坐奠于篚。司正降，复位。

使二人举觯于宾、介，洗，升，实觯于西阶上，皆坐奠觯，遂拜，执觯兴。宾、介席末答拜。皆坐祭，遂饮，卒觯兴，坐奠觯，遂拜，执觯兴，宾、介席末答拜。逆降，洗，升，实觯，皆立于西阶上。宾、介皆拜。皆进，荐西奠之，宾辞，坐取觯以兴。介则荐南奠之，介坐受以兴。退，皆拜送，降。宾、介奠于其所。

司正升自西阶，受命于主人。主人曰："请坐于宾。"宾辞以俎。主人请彻俎，宾许。司正降阶前，命弟子俟彻俎。司正升，立于序端。宾降席，北面。主人降席，阼阶上北面。介降席，西阶上北面。遵者降席，席东南面。宾取俎，还授司正；司正以降，宾从之。主人取俎，还授弟子；弟子以降自西阶，主人降自阼阶。介取俎，还授弟子；弟子以降，介从之。若有诸公、大夫，则使人受俎，如宾礼。众宾皆降。

说屦，揖让如初，升，坐。乃羞。无算爵。无算乐。

宾出，奏《陔》。主人送于门外，再拜。

宾若有遵者：诸公、大夫，则既一人，举觯，乃入。席于宾东，公三重，大夫再重。公如大夫，入，主人降，宾、介降，众宾皆降，复初位。主人迎，揖让升。公升如宾礼，辞一席，使一人去之。大夫则如介礼，有诸公，则辞加席，委于席端，主人不彻；无诸公，则大夫辞加席，主人对，不去加席。

明日，宾服乡服以拜赐，主人如宾服以拜辱。主人释服，乃息司正。无介，不杀，荐脯醢，羞唯所有。征唯所欲，以告于先生、君子可也。宾、介不与。乡乐唯欲。

记。乡，朝服而谋宾、介，皆使能，不宿戒。蒲筵，缁布纯。尊绤幂，宾至彻之。其牲，狗也。亨于堂东北。献用爵，其他用觯。

荐脯，五挺，横祭于其上，出自左房。俎由东壁，自西阶升。宾俎，脊、胁、肩、肺。主人俎，脊、胁、臂、肺。介俎，脊、胁、肫、胳、肺。肺皆离。皆右体，进腠。以爵拜者不徒作。坐卒爵者拜既爵，立卒爵者不拜既爵。凡奠者于左，将举于右。众宾之长，一人辞洗，如宾礼。立者东面北上；若有北面者，则东上。乐正与立者，皆荐以齿。凡举爵，三作而不徒爵。乐作，大夫不入。献工与笙，取爵于上篚；既献，奠于下篚。其笙，则献诸西阶上；磬，阶间缩霤，北面鼓之。主人、介，凡升席自北方，降自南方。司正，既举觯而荐诸其位。凡旅，不洗。不洗者，不祭。既旅，士不入。彻俎：宾、介，遵者之俎，受者以降，遂出授从者；主人之俎，以东。乐正命奏《陔》，宾出，至于阶，《陔》作。若有诸公，则大夫于主人之北，西面。主人之赞者，西面北上，不与，无算爵，然后与。

乡射礼第五

　　乡射之礼。主人戒宾，宾出迎，再拜。主人答再拜，乃请。宾礼辞，许。主人再拜，宾答再拜。主人退；宾送，再拜。无介。
　　乃席宾，南面，东上。众宾之席，继而西。席主人于阼阶上，西面。尊于宾席之东，两壶，斯禁，左玄酒，皆加勺。篚在其南，东肆。设洗于阼阶东南，南北以堂深，东西当东荣。水在洗东，篚在洗西，南肆。县于洗东北，西面。乃张侯，下纲不及地武。

不系左下纲，中掩束之。乏参侯道，居侯党之一，西五步。羹定。主人朝服，乃速宾；宾朝服出迎，再拜；主人答再拜，退；宾送，再拜。宾及众宾遂从之。

及门，主人一相出迎于门外，再拜；宾答再拜。揖众宾。主人以宾揖，先入。宾厌众宾，众宾皆入门左，东面北上。宾少进，主人以宾三揖，皆行。及阶，三让，主人升一等，宾升。主人阼阶上当楣北面再拜，宾西阶上当楣北面答再拜。主人坐取爵于上篚，以降。宾降。主人阼阶前西面坐奠爵，兴辞降。宾对。主人坐取爵，兴，适洗，南面坐奠爵于篚下，盥洗。宾进，东北面辞洗。主人坐奠爵于篚，兴对，宾反位。主人卒洗，壹揖，壹让，以宾升。宾西阶上北面拜洗。主人阼阶上北面奠爵，遂答拜，乃降。宾降，主人辞降，宾对。主人卒盥，壹揖壹让升；宾升，西阶上疑立。主人坐取爵，实之宾席之前，西北面献宾。宾西阶上北面拜，主人少退。宾进受爵于席前，复位。主人阼阶上拜送爵，宾少退。荐脯醢。宾升席，自西方。乃设折俎。主人阼阶东疑立。宾坐，左执爵，右祭脯醢，奠爵于荐西，兴取肺，坐，绝祭，尚左手，嚌之，兴，加于俎，坐挩手，执爵，遂祭酒，兴，席末坐啐酒，降席，坐尊爵，拜，告旨，执爵兴。主人阼阶上答拜。宾西阶上北面坐卒爵，兴，坐奠爵，遂拜，执爵兴。主人阼阶上答拜。

宾以虚爵降。主人降。宾西阶前东面坐奠爵，兴，辞降；主人对。宾坐取爵，适洗，北面坐奠爵于篚下，兴，盥洗。主人阼阶之东，南面辞洗。宾坐奠爵于篚，兴对。主人反位。宾卒洗，揖让如初，升。主人拜洗，宾答拜，兴，降盥，如主人之礼。宾升，实爵主人之席前，东南面酢主人。主人阼阶上拜，宾少退。主人进受爵，复位，宾西阶上拜送爵。荐脯醢。主人升席自北方。乃设折俎。祭如宾礼，不告旨，自席前适阼阶上，北面坐卒爵，兴，坐奠爵，遂拜，执爵兴。宾西阶上北面答拜。主人坐奠爵于序端，阼阶上再拜崇酒，宾西阶上答再拜。

主人坐取觯于篚，以降。宾降，主人奠觯辞降，宾对，东面立。主人坐取觯，洗，宾不辞洗。卒洗，揖让升。宾西阶上疑立。主人实觯，酬之，阼阶上北面坐奠觯，遂拜，执觯兴。宾西阶上北面答拜。主人坐祭，遂饮，卒觯，兴，坐奠觯，遂拜，执觯兴。宾西阶上北面答拜。主人降洗。宾降辞，如献礼，升，不拜洗。宾西阶上立。主人实觯宾之席前，北面。宾西阶上拜。主人坐奠觯于荐西。宾辞，坐取觯以兴，反位。主人阼阶上拜送。宾北面坐奠觯于荐东，反位。

主人揖降。宾降，东面立于西阶西，当西序。主人西南面三拜众宾，众宾皆答一拜。主人揖升，坐取爵于序端，降洗；升实爵，西阶上献从宾。众宾之长升拜受者三人，主人拜送。坐祭，立饮，不拜；既爵，授主人爵；降复位。众宾皆不拜，受爵，坐祭，立饮。每一人献，则荐诸其席。众宾辩有脯醢。主人以虚爵降，奠于篚。

揖让升。宾厌众宾升，众宾皆升，就席。一人洗，举觯于宾；升实觯，西阶上坐奠觯；拜，执觯兴。宾席末答拜。举觯者坐祭，遂饮，卒觯，兴；坐奠觯，拜，执觯兴；宾答拜。降洗，升实之，西阶上北面。宾拜。举觯者进，坐奠觯于荐西。宾辞，坐取以兴，举觯者西阶上拜送。宾反奠于其所。举觯者降。

大夫若有遵者，则入门左。主人降。宾及众宾皆降，复初位。主人揖让，以大夫升，拜至，大夫答拜。主人以爵降，大夫降。主人辞降。大夫辞洗，如宾礼，席于尊东。升，不拜洗。主人实爵，席前献于大夫。大夫西阶上拜，进受爵，反位。主人大夫之右拜送。大夫辞加席。主人对，不去加席。乃荐脯醢。大夫升席。设折俎。祭如宾礼，不啐肺，不啐酒，不告旨，西阶上卒爵，拜。主人答拜。大夫降洗，主人复阼阶，降辞如初。卒洗。主人盥，揖让升。大夫授主人爵于两楹间，复位。主人实爵，以酢于西阶上，坐奠爵，拜，大夫答拜。坐祭，卒爵，拜，大夫答拜。主人坐奠爵于西楹南，再拜崇酒，大夫答拜。主人复阼阶，揖降。大夫降，立于宾南。主人揖让，以宾升，大夫及众宾皆升，就席。

席工于西阶上，少东。乐正先升，北面立于其西。工四人，二瑟，瑟先，相者皆左何瑟，面鼓，执越，内弦。右手相，入，升自西阶，北面东上。工坐。相者坐授瑟，乃降。笙入，立于县中，西面。乃合乐：《周南·关雎》《葛覃》《卷耳》《召南·鹊巢》《采蘩》《采

蘋》。工不兴，告于乐正，曰："正歌备。"乐正告于宾，乃降。

主人取爵于上篚，献工。大师则为之洗。宾降，主人辞降。工不辞洗。卒洗，升实爵。工不兴，左瑟，一人拜受爵。主人阼阶上拜送爵。荐脯醢。使人相祭。工饮，不拜既爵，授主人爵。众工不拜，受爵，祭饮，辩有脯醢。不祭，不洗。遂献笙于西阶上。笙一人拜于下，尽阶，不升堂。受爵，主人拜送爵。阶前坐祭，立饮，不拜既爵，升，授主人爵。众笙不拜，受爵，坐祭，立饮，辩有脯醢，不祭。主人以爵降，尊于篚，反升，就席。

主人降席自南方，侧降，作相为司正。司正礼辞，许诺。主人再拜，司正答拜。主人升就席。司正洗觯，升自西阶，由楹内适阼阶上，北面受命于主人；西阶上北面请安于宾。宾礼辞，许。

司正告于主人，遂立于楹间以相拜。主人阼阶上再拜，宾西阶上答再拜，皆揖就席。司正实觯，降自西阶，中庭北面坐奠觯，兴，退，少立；进，坐取觯，兴；反坐，不祭，遂卒觯，兴；坐奠觯，拜，执觯兴；洗，北面坐奠于其所，兴；少退，北面立于觯南。未旅。

三耦俟于堂西，南面东上。司射适堂西，袒决遂，取弓于阶西，兼挟乘矢，升自西阶。阶上北面告于宾，曰："弓矢既具，有司请射。"宾对曰："某不能。为二三子。"许诺。司射适阼阶上，东北面告于主人，曰："请射于宾，宾许。"司射降自西阶；阶前西面，命弟子纳射器。乃纳射器，皆在堂西。宾与大夫之弓倚于西序，矢在弓下，北括。众弓倚于堂西，矢在其上。主人之弓矢，在东序东。

司射不释弓矢，遂以比三耦于堂西。三耦之南，北面，命上射曰："某御于子。"命下射曰："子与某子射。"

司正为司马，司马命张侯，弟子说束，遂系左下纲。司马又命获者："倚旌于侯中。"获者由西方，坐取旌，倚于侯中，乃退。

乐正适西方，命弟子赞工，迁乐于下。弟子相工，如初入；降自西阶，阼阶下之东南，堂前三笴，西面北上坐。乐正北面立于其南。

司射犹挟乘矢，以命三耦："各与其耦让取弓矢，拾！"三耦皆袒决遂。有司左执拊，右执弦，而授弓，遂授矢。三耦皆执弓，搢三而挟一个。司射先立于所设中之西南，东面。三耦皆进，由司射之西，立于其西南，东面北上而俟。司射东面立于三耦之北，搢三而挟一个，揖进；当阶，北面揖；及阶，揖；升常，揖；

豫则钩楹内，堂则由楹外。当左物，北面揖；及物，揖。左足履物，不方足，还；视侯中，俯正足。不去旌。诱射，将乘矢。执弓不挟，右执弦。南面揖，揖如升射；降，出于其位南；适堂西，改取一个，挟之。遂适阶西，取扑，搢之，以反位。

司马命获者执旌以负侯，获者适侯，执旌负侯而俟。司射还，当上耦西面，作上耦射。司射反位。上耦揖进，上射在左，并行；当阶，北面揖；及阶，揖。上射先升三等，下射从之，中等。上射升堂，少左；下射升，上射揖，并行。皆当其物，北面揖；及物，揖。皆左足履物，还视侯中，合足而俟。司马适堂西，不决遂，袒执弓，出于司射之南，升自西阶；钩楹，由上射之后，西南面立于物间；右执箫，南扬弓，命去侯。获者执旌许诺，声不绝，以至于乏；坐，东面偃旌，兴而俟。司马出于下射之南，还其后，降自西阶；反由司射之南，适堂西，释弓，袭，反位，立于司射之南。司射进，与司马交于阶前，相左；由堂下西阶之东，北面视上射，命曰："无射获，无猎获！"上射揖。司射退，反位。乃射，上射既发，挟弓矢；而后下射射，拾发，以将乘矢。获者坐而获，举旌以宫，偃旌以商；获而未释获。卒射，皆执弓不挟，南面揖，揖如升射。上射降三等，下射少右，从之，中等；并行，上射于左。与升射者相左，交于阶前，相揖。由司马之南，适堂西，释弓，说决拾，袭而俟于堂西，南面，东上。三耦卒射，亦如之。司射去扑，倚于西阶之西，升堂，北面告于宾，曰："三耦卒射。"宾揖。司射降，搢扑，反位。司马适堂西，袒执弓，由其位南，进与司射交于阶前，相左；升自西阶，钩楹，自右物之后，立于物间；

西南面，揖弓，命取矢。获者执旌许诺，声不绝，以旌负侯而俟。司马出于左物之南，还其后，降自西阶；遂适堂前，北面立于所设楅之南，命弟子设楅，乃设楅于中庭，南当洗，东肆。司马由司射之南，退，释弓于堂西，袭，反位。弟子取矢，北面坐委于楅；北括，乃退。司马袭进，当楅南，北面坐，左右抚矢而乘之。若矢不备，则司马又袒执弓如初，升命曰："取矢不索！"弟子自西方应曰："诺！"乃复求矢，加于楅。

司射倚扑于阶西，升，请射于宾，如初。宾许诺。宾、主人、大夫若皆与射，则遂告于宾，适阼阶上告于主人，主人与宾为耦；遂告于大夫，大夫虽众，皆与士为耦。以耦告于大夫，曰："某御于子。"西阶上，北面作众宾射。司射降，搢扑，由司马之南适堂西，立，比众耦。众宾将与射者皆降，由司马之南适堂西，

继三耦而立，东上。大夫之耦为上，若有东面者，则北上。宾、主人与大夫皆未降，司射乃比众耦辩。

遂命三耦拾取矢，司射反位。三耦拾取矢，皆袒决遂，执弓，进立于司马之西南。司射作上耦取矢，司射反位。上耦揖进；当福北面揖，及福揖。上射东面，下射西面。上射揖进，坐，横弓；却手自弓下取一个，兼诸弣，顺羽，且兴；执弦而左还，退反位，东面揖。下射进，坐，横弓；覆手自弓上取一个，兴；其他如上射。既拾取乘矢，揖，皆左还；南面揖，皆少进；当福南，皆左还，北面，揸三挟一个；揖，皆左还，上射于右；与进者相左，相揖；退反位。三耦拾取矢，亦如之。后者遂取诱射之矢，兼乘矢而取之，以授有司于西方，而后反位。

众宾未拾取矢，皆袒决遂，执弓，揸三挟一个；由堂西进，继三耦之南而立，东面，北上。大夫之耦为上。

司射作射如初，一耦揖升如初。司马命去侯，获者许诺。司马降，释弓反位。司射犹挟一个，去扑，与司马交于阶前，升，请释获于宾；宾许。降，揸扑，西面立于所设中之东；北面命释获者设中，遂视之。释获者执鹿中，一人执算以从之。释获者坐设中，南当福，西当西序，东面；兴受算，坐实八算于中，横委其馀于中西，南末；兴，共而俟。司射遂进，由堂下，北面命曰："不贯不释！"上射揖。司射退反位。释获者坐取中之八算，改实八算于中，兴，执而俟。乃射，若中，则释获者坐而释获，每一个释一算。上射于右，下射于左，若有馀算，则反委之。又取中之八算，改实八算于中，兴，执而俟。三耦卒射。宾、主人、大夫揖，皆由其阶降揖。主人堂东袒决遂，执弓，搢三挟一个。宾于堂西亦如之。皆由其阶，阶下揖，升堂揖。主人为下射，皆当其物，北面揖，及物揖，乃射；卒，南面揖；皆由其阶，阶上揖，降阶揖。宾序西，主人序东，皆释弓，说决拾，袭，反位；升，及阶揖，升堂揖，皆就席。

大夫袒决遂，执弓，搢三挟一个，由堂西出于司射之西，就其耦。大夫为下射，揖进；耦少退。揖如三耦。及阶，耦先升。卒射，揖如升射，耦先降。降阶，耦少退。皆释弓于堂西，袭。耦遂止于堂西，大夫升就席。

众宾继射，释获皆如初。司射所作，唯上耦。卒射，释获者遂以所执余获，升自西阶，尽阶，不升堂。告于宾曰："左右卒射。"降，反位，坐委余获于中西；兴，共而俟。

司马袒决执弓，升命取矢，如初。获者许诺，以旌负侯，如初。

司马降，释弓，反位。弟子委矢，如初。大夫之矢，则兼束之以茅，上握焉。司马乘矢如初。司射遂适西阶西，释弓，去扑，袭；进由中东，立于中南，北面视算。释获者东面于中西坐，先数右获。二算为纯，一纯以取，实于左手；十纯则缩而委之，每委异之；有余纯，则横于下。一算为奇，奇则又缩诸纯下。兴，自前适左，东面；坐，兼敛算，实于左手；一纯以委，十则异之，其余如右获。司射复位。释获者遂进取贤获，执以升，自西阶，尽阶不升堂，告于宾。若右胜，则曰："右贤于左。"若左胜，则曰："左贤于右。"以纯数告；若有奇者，亦曰奇。若左右钧，则左右皆执一算以告，曰："左右钧。"降复位，坐，兼敛算，实八算于中，委其余于中西；兴，共而俟。

司射适堂西，命弟子设丰。弟子奉丰升，设于西楹之西，乃降。

胜者之弟子洗觯，升酌，南面坐奠于丰上；降，袒执弓，反位。司射遂袒执弓，挟一个，搢扑，北面于三耦之南，命三耦及众宾："胜者皆袒决遂，执张弓。不胜者皆袭，说决拾，却左手，右加弛弓于其上，遂以执弣。"司射先反位。三耦及众射者皆与其耦进立于射位，北上。司射作升饮者，如作射。一耦进，揖如升射，及阶，胜者先升，升堂，少右。不胜者进，北面坐取丰上之觯；兴，少退，立卒觯；进，坐奠于丰下；兴，揖。不胜者先降，与升饮者相左，交于阶前，相揖；出于司马之南，遂适堂西；释弓，袭而俟。有执爵者。执爵者坐取觯，实之，反奠于丰上。升饮者如初。三耦卒饮。宾、主人、大夫不胜，则不执弓，执爵者取觯，降洗，升实之，以授于席前，受觯，以适西阶上，北面立饮；卒觯，授执爵者，反就席。大夫饮，则耦不升。若大夫之耦不胜，则亦执弛弓，特升饮。众宾继饮，射爵者辩，乃彻丰与觯。

司马洗爵，升实之以降，献获者于侯。荐脯醢，设折俎，俎与荐皆三祭。获者负侯，北面拜受爵，司马西面拜送爵。获者执爵，使人执其荐与俎从之；适右个，设荐俎。获者南面坐，左执爵，祭脯醢；执爵兴，取肺，坐祭，遂祭酒；兴，适左个；中皆如之。左个之西北三步，东面设荐俎，获者荐右东面立饮，不拜既爵，司马受爵，奠于篚，复位。获者执其荐，使人执俎从之，辟设于乏南。获者负侯而俟。

司射适阶西，释弓矢，去扑，说决拾，袭；适洗，洗爵；升实之，以降，献释获者于其位，少南。荐脯醢，折俎，有祭。释获者荐右东面拜受爵，司射北面拜送爵。释获者就其荐坐，左执爵，祭脯醢；兴，取肺，坐祭，遂祭酒；兴，司射之西，北面立饮，不拜既爵。司射受爵，奠于篚。释获者少西辟荐，反位。司射适堂西，袒决遂，取弓于阶西，挟一个，搢扑，以反位。司射去扑，倚于阶西，升请射于宾，如初。宾许。司射降，搢扑，由司马之南适堂西，命三耦及众宾："皆袒决遂，执弓就位！"司射先反位。三耦及众宾皆袒决遂，执弓，各以其耦进，反于射位。

司射作拾取矢。三耦拾取矢如初，反位。宾、主人、大夫降揖如初。主人堂东，宾堂西，皆袒决遂，执弓；皆进阶前揖，及楅揖，拾取矢如三耦。卒，北面搢三挟一个，揖退。宾堂西，主人堂东，皆释弓矢，袭；及阶揖，升堂揖，就席。大夫袒决遂，执弓，就其耦；揖皆进，如三耦。耦东面，大夫西面。大夫进坐，说矢束，兴反位。而后耦揖进坐，兼取乘矢，顺羽而兴，反位，揖。大夫进坐，亦兼取乘矢，如其耦，北面，搢三挟一个，揖退。耦反位。大夫遂适序西，释弓矢，袭；升即席。众宾继拾取矢，皆如三耦，以反位。

司射犹挟一个以进，作上射如初。一耦揖升如初。司马升，命去侯，获者许诺。司马降，释弓反位。司射与司马交于阶前，去扑，袭；升，请以乐乐于宾。宾许诺。司射降，搢扑，东面命乐正，曰："请以乐乐于宾，宾许。"司射遂适阶间，堂下北面命曰："不鼓不释！"上射揖。司射退反位。乐正东面命大师，曰："奏《驺虞》，间若一。"大师不兴，许诺。乐正退反位。

乃奏《驺虞》以射。三耦卒射，宾、主人、大夫、众宾继射，释获如初。卒射，降。释获者执余获，升告左右卒射，如初。

司马升，命取矢，获者许诺。司马降，释弓反位。弟子委矢，司马乘之，皆如初。司射释弓视算，如初；释获者以贤获与钧告，如初。降复位。

司射命设丰，设丰、实觯如初；遂命胜者执张弓，不胜者执弛弓，升饮如初。司射犹袒决遂，左执弓，右执一个，兼诸弦，面镞；适堂西，以命拾取矢，如初。司射反位。三耦及宾、主人、大夫、众宾皆袒决遂，拾取矢，如初；矢不挟，兼诸弦䠒以退，不反位，遂授有司于堂西。辩拾取矢，揖，皆升就席。司射乃适堂西，释弓，去扑，说决拾，袭，反位。司马命弟子说侯之左下纲而释之，命获者以旌退，命弟子退福。司射命释获者退中与算，而俟。

司马反为司正，退，复觯南而立。乐正命弟子赞工即位。弟子相工，如其降也，升自西阶，反坐。宾北面坐，取俎西之觯，兴，

阼阶上北面酬主人。主人降席，立于宾东。宾坐奠觯，拜；执觯兴；主人答拜。宾不祭，卒觯，不拜，不洗，实之，进东南面。主人阼阶上北面拜，宾少退。主人进受觯，宾主人之西北面拜送。宾揖，就席。主人以觯适西阶上酬大夫；大夫降席，立于主人之西，如宾酬主人之礼。主人揖，就席。若无大夫，则长受酬，亦如之。司正升自西阶，相旅，作受酬者曰："某酬某子。"受酬者降席。司正退立于西序端，东面。众受酬者拜、兴、饮，皆如宾酬主人之礼。辩，遂酬在下者；皆升，受酬于西阶上。卒受者以觯降，奠于篚。

司正降复位，使二人举觯于宾与大夫。举觯者皆洗觯，升实之；西阶上北面，皆坐奠觯，拜，执觯兴。宾与大夫皆席末答拜。兴觯者皆坐祭，遂饮，卒觯，兴；坐奠觯，拜，执觯兴。宾与大夫皆答拜。举觯者逆降，洗，升实觯，皆立于西阶上，北面，东上。宾与大夫拜。举觯者皆进，坐奠于荐右。宾与大夫辞，坐受觯以兴。举觯者退反位，皆拜送，乃降。宾与大夫坐，反奠于其所，兴。若无大夫，则唯宾。

司正升自西阶，阼阶上受命于主人，适西阶上，北面请坐于宾，宾辞以俎。反命于主人，主人曰："请彻俎。"宾许。司正降自西阶，阶前命弟子俟彻俎。司正升立于序端。宾降席，北面。主人降席自南方，阼阶上北面。大夫降席，席东南面。宾取俎，还授司正。司正以降自西阶，宾从之降，遂立于阶西，东面。司正以俎出，授从者。主人取俎，还授弟子。弟子受俎，降自西阶以东。主人降自阼阶，西面立。大夫取俎，还授弟子；弟子以降自西阶，遂出授从者；大夫从之降，立于宾南。众宾皆降，立于大夫之南，少退，北上。

主人以宾揖让，说屦，乃升。大夫及众宾皆说屦，升，坐。乃羞。无算爵。使二人举觯。宾与大夫不兴，取奠觯饮，卒觯，不拜。执觯者受觯，遂实之。宾觯以之主人，大夫之觯长受，而错，皆不拜。辩，卒受者兴，以旅在下者于西阶上。长受酬，酬者不拜，乃饮，卒觯，以实之。受酬者不拜受。辩旅，皆不拜。执觯者皆与旅。卒受者以虚觯降奠于篚；执觯者洗，升实觯，反奠于宾与大夫。无算乐。

宾兴，乐正命奏《陔》。宾降及阶，《陔》作。宾出，众宾皆出，主人送于门外，再拜。

明日，宾朝服以拜赐于门外，主人不见。如宾服，遂从之，

拜辱于门外，乃退。

主人释服，乃息司正。无介。不杀。使人速。迎于门外，不拜；入，升。不拜至，不拜洗。荐脯醢，无俎。宾酢主人，主人不崇酒，不拜众宾；既献众宾，一人举觯，遂无算爵。无司正。宾不与。征唯所欲，以告于乡先生、君子可也。羞唯所有。乡乐唯欲。

记。大夫与，则公士为宾。使能，不宿戒。其牲，狗也。亨于堂东北。尊，绤幂。宾至，彻之。蒲筵，缁布纯。西序之席，北上。献用爵，其他用觯。以爵拜者，不徒作。荐，脯用笾，五胾，祭半胾，横于上。醢以豆，出自东房。胾长尺二寸。俎由东壁，自西阶升。宾俎，脊、胁、肩、肺。主人俎：脊、胁、臂、肺。肺皆离。皆右体也。进腠。凡举爵，三作而不徒爵。凡奠者于左，将举者于右。众宾之长，一人辞洗，如宾礼。若有诸公，则如宾礼，大夫如介礼。无诸公，则大夫如宾礼。乐作，大夫不入。乐正，与立者齿。三笙一和而成声。献工与笙，取爵于上篚。既献，奠于下篚。其笙，则献诸西阶上。立者，东面北上。司正既举觯，而荐诸其位。三耦者，使弟子。司射前戒之。司射之弓矢与扑，倚于西阶之西。司射既祖决遂而升，司马阶前命张侯，遂命倚旌。凡侯：天子熊侯，白质；诸侯麋侯，赤质；大夫布侯，画以虎豹；士布侯，画以鹿豕。凡画者，丹质。射自楹间，物长如笴。其间容弓，距随长武。序则物当栋，堂则物当楣，命负侯者，由其位。凡适堂西，皆出入于司马之南。唯宾与大夫降阶，遂西取弓矢。旌，各以其物。无物，则以白羽与朱羽糅。杠长三仞，以鸿脰韬上，二寻。凡挟矢，于二指之间横之。司射在司马之北。司马无事不执弓。始射，获而未释获；复，

释获；复，用乐行之。上射于右。楅长如笴，博三寸，厚寸有半，龙首，其中蛇交，韦当。楅，髹，横而拳之，南面坐而奠之，南北当洗。射者有过，则挞之。众宾不与射者，不降。取诱射之矢者，既拾取矢，而后兼诱射之乘矢而取之。宾、主人射，则司射摈升降，卒射即席，而反位卒事。鹿中，髹，前足跪，凿背容八算。释获者奉之，先首。大夫降，立于堂西以俟射。大夫与士射，袒薰襦。耦少退于物。司射释弓矢视算，与献释获者释弓矢。礼射不主皮。主皮之射者，胜者又射，不胜者降。主人亦饮于西阶上。获者之俎，折脊、胁、肺、臑。东方谓之右个。释获者之俎，折脊、胁、肺，皆有祭。大夫说矢束，坐说之。歌《驺虞》，若《采蘋》，皆五终。射无算。古者于旅也语。凡旅，不洗。不洗者，不祭。既旅，士不入。大夫后出。主人送于门外，再拜。乡侯，上个五寻，中十尺。侯道五十弓，弓二寸以为侯中。倍中以为躬，倍躬以为左右舌。下舌半上舌。箭筹八十。长尺有握，握素。楚扑长如笴。刊本尺。君射，则为下射。上射退于物一笴，既发，则答君而俟。君，乐作而后就物。君，袒朱襦以射。小臣以巾执矢以授。若饮君，如燕，则夹爵。君，国中射，则皮树中，以翿旌获，白羽与朱羽糅；于郊，则闾中，以旌获；于竟，则虎中，龙旃。大夫，兕中，各以其物获。士，鹿中，翿旌以获。唯君有射于国中，其余否。君在，大夫射，则肉袒。

燕礼第六

　　燕礼。小臣戒与者。膳宰具官馔于寝东。乐人县。设洗、篚于阼阶东南，当东霤。罍水在东，篚在洗西，南肆。设膳篚在其北，西面。司宫尊于东楹之西，两方壶，左玄酒，南上。公尊瓦大两，有丰，幂用绤若锡，在尊南，南上。尊士旅食于门西，两圆壶。司宫筵宾于户西，东上，无加席也。射人告具。

　　小臣设公席于阼阶上，西乡，设加席。公升，即位于席，西乡。小臣纳卿大夫，卿大夫皆入门右，北面东上。士立于西方，东面北上。祝史立于门东，北面东上。小臣师一人在东堂下，南面。

士旅食者立于门西，东上。公降立于阼阶之东南，南乡尔卿，卿西面北上；尔大夫，大夫皆少进。

射人请宾。公曰："命某为宾。"射人命宾，宾少进，礼辞。反命。又命之，宾再拜稽首，许诺，射人反命。宾出立于门外，东面。公揖卿大夫，乃升就席。小臣自阼阶下，北面，请执幂者与羞膳者。乃命执幂者，执幂者升自西阶，立于尊南，北面，东上。膳宰请羞于诸公卿者。

射人纳宾。宾入，及庭，公降一等揖之。公升就席。

宾升自西阶，主人亦升自西阶，宾右北面至再拜，宾答再拜。主人降洗，洗南，西北面。宾降，阶西，东面。主人辞降，宾对。主人北面盥，坐取觚洗。宾少进，辞洗。主人坐奠觚于篚，兴对。宾反位。主人卒洗，宾揖，乃升。主人升。宾拜洗。主人宾右奠觚答拜，降盥。宾降，主人辞。宾对，卒盥。宾揖升。主人升，坐取觚。执幂者举幂，主人酌膳，执幂者反幂。主人筵前献宾。宾西阶上拜，筵前受爵，反位。主人宾右拜送爵。膳宰荐脯醢，宾升筵。膳宰设折俎。宾坐，左执爵，右祭脯醢，奠爵于荐右，兴；取肺，坐绝祭，嚌之，兴加于俎；坐帨手，执爵，遂祭酒，兴；席末坐啐酒，降席，坐奠爵，拜，告旨，执爵兴。主人答拜。宾西阶上北面坐卒爵，兴；坐奠爵，遂拜。主人答拜。

宾以虚爵降，主人降。宾洗南坐奠觚，少进，辞降。主人东面对。宾坐取觚，奠于篚下，盥洗。主人辞洗。宾坐奠觚于篚，兴，对。卒洗，及阶，揖，升。主人升，拜洗如宾礼。宾降盥，主人降。宾辞降，卒盥，揖升，酌膳，执幂如初，以酢主人于西阶上。主人北面拜受爵，宾主人之左拜送爵。主人坐祭，不啐酒，不拜酒，不告旨；遂卒爵，兴；坐奠爵，拜，执爵兴。宾答拜。主人不崇酒，以虚爵降尊于篚。

宾降，立于西阶西。射人升宾，宾升立于序内，东面。主人盥，洗象觚，升实之，东北面献于公。公拜受爵。主人降自西阶，阼阶下北面拜送爵。士荐脯醢，膳宰设折俎，升自西阶。公祭如宾礼，膳宰赞授肺。不拜酒，立卒爵，坐奠爵，拜，执爵兴。主人答拜，升受爵以降，奠于膳篚。

更爵，洗，升酌膳酒以降；酢于阼阶下，北面坐奠爵，再拜稽首。公答再拜。主人坐祭，遂卒爵，再拜稽首。公答再拜，主人奠爵于篚。

主人盥洗，升，媵觚于宾，酌散，西阶上坐奠爵，拜宾。宾降筵，北面答拜。主人坐祭，遂饮，宾辞。卒爵，拜，宾答拜。主人降洗，宾降，主人辞降，宾辞洗。卒洗，揖升。不拜洗。主人酌膳。宾西阶上拜，受爵于筵前，反位。主人拜送爵。宾升席，坐祭酒，遂奠于荐东。主人降复位。宾降筵西，东南面立。

小臣自阼阶下请媵爵者，公命长。小臣作下大夫二人媵爵。媵爵者阼阶下，皆北面再拜稽首；公答再拜。媵爵者立于洗南，西面北上，序进，盥洗角觯；升自西阶，序进，酌散；交于楹北，降；阼阶下皆奠觯，再拜稽首，执觯兴。公答再拜。媵爵者皆坐祭，遂卒觯，兴；坐奠觯，再拜稽首，执觯兴。公答再拜。媵爵者执觯待于洗南。小臣请致者。若君命皆致，则序进，奠觯于篚，阼阶下皆再拜稽首；公答再拜。媵爵者洗象觯，升实之；序进，坐奠于荐南，北上；降，阼阶下皆再拜稽首，送觯。公答再拜。

公坐取大夫所媵觯，兴以酬宾。宾降，西阶下再拜稽首。公命小臣辞，宾升成拜。公坐奠觯，答再拜，执觯兴，立卒觯。宾下拜，小臣辞。宾升，再拜稽首。公坐奠觯，答再拜，执觯兴。宾进受虚爵，降奠于篚，易觯洗。公有命，则不易不洗，反升酌膳觯，下拜。小臣辞。宾升，再拜稽首。公答再拜。宾以旅酬于西阶上，射人作大夫长升受旅。宾大夫之右坐奠觯，拜，执觯兴；大夫答拜。宾坐祭，立饮，卒觯不拜。若膳觯也，则降更觯洗，升实散。大夫拜受。宾拜送。大夫辩受酬，如受宾酬之礼，不祭。卒受者以虚觯降尊于篚。

主人洗，升，实散，献卿于西阶上。司宫兼卷重席，设于宾左，东上。卿升，拜受觚；主人拜送觚。卿辞重席，司宫彻之，乃荐脯醢。卿升席坐，左执爵，右祭脯醢，遂祭酒，不啐酒；降席，西阶上北面坐卒爵，兴；坐奠爵，拜，执爵兴。主人答拜，受爵。卿降复位。辩献卿，主人以虚爵降，奠于篚。射人乃升卿，卿皆升就席。若有诸公，则先卿献之，如献卿之礼；席于阼阶西，北面东上，无加席。

小臣又请媵爵者，二大夫媵爵如初。请致者。若命长致，则媵爵者奠觯于篚，一人待于洗南。长致，致者

阼阶下再拜稽首，公答再拜。洗象觯，升，实之，坐奠于荐南，降，与立于洗南者二人皆再拜稽首送觯，公答再拜。

公又行一爵，若宾，若长，唯公所酬。以旅于西阶上，如初。大夫卒受者以虚觯降奠于篚。

主人洗，升，献大夫于西阶上。大夫升，拜受觚，主人拜送觚。大夫坐祭，立卒爵，不拜既爵。主人受爵。大夫降复位。胥荐主人于洗北。西面，脯醢，无脊。辩献大夫，遂荐之，继宾以西，东上。卒，射人乃升大夫，大夫皆升，就席。席工于西阶上，少东。乐正先升，北面立于其西。小臣纳工，工四人，二瑟。小臣左何瑟，面鼓，执越，内弦，右手相。入，升自西阶，北面东上坐。小臣坐授瑟，乃降。工歌《鹿鸣》《四牡》《皇皇者华》。卒歌，主人洗升献工，工不兴。左瑟一人拜受爵，主人西阶上拜送爵。荐脯醢。使人相祭。卒爵，不拜。主人受爵。众工不拜受爵，坐祭，遂卒爵。辩有脯醢，不祭。主人受爵，降奠于篚。

公又举奠觯。唯公所赐。以旅于西阶上，如初。

卒，笙入，立于县中。奏《南陔》《白华》《华黍》。

主人洗，升，献笙于西阶上。一人拜，尽阶，不升堂，受爵，降；主人拜送爵。阶前坐祭，立卒爵，不拜既爵，升，授主人。众笙不拜受爵，降；坐祭，立卒爵。辩有脯醢，不祭。

乃间：歌《鱼丽》，笙《由庚》；歌《南有嘉鱼》，笙《崇丘》；歌《南山有台》，笙《由仪》。遂歌乡乐：《周南·关雎》《葛覃》《卷耳》《召南·鹊巢》《采蘩》《采蘋》。大师告于乐正曰："正歌备。"乐正由楹内、东楹之东，告于公，乃降复位。

射人自阼阶下，请立司正，公许。射人遂为司正。司正洗角觯，南面坐奠于中庭；升，东楹之东受命，西阶上北面命卿、大夫："君曰以我安！"卿、大夫皆对曰："诺！敢不安？"司正降自西阶，南面坐取觯，升酌散，降，南面坐奠觯，右还，北面少立，坐取觯，兴，坐不祭，卒觯，奠之，兴，再拜稽首，左还，南面坐取觯，洗，南面反奠于其所，升自西阶，东楹之东，请彻俎降，公许。告于宾，宾北面取俎以出。膳宰彻公俎，降自阼阶以东。卿、大夫皆降，东面北上。宾反入，及卿、大夫皆说屦，升就席。公以宾及卿、大夫皆坐，乃安。羞庶羞。大夫祭荐。司正升受命，皆命：君曰："无不醉！"宾及卿、大夫皆兴，对曰："诺！敢不醉？"皆反坐。

　　主人洗，升，献士于西阶上。士长升，拜受觯，主人拜送觯。士坐祭，立饮，不拜既爵。其他不拜，坐祭，立饮。乃荐司正与射人一人、司士一人、执幂二人，立于觯南，东上。辩献士。士既献者立于东方，西面北上。乃荐士。祝史，小臣师，亦就其位而荐之。主人就旅食之尊而献之。旅食不拜，受爵，坐祭，立饮。若射，则大射正为司射，如乡射之礼。

　　宾降洗，升媵觚于公，酌散，下拜。公降一等，小臣辞。宾升，再拜稽首，公答再拜。宾坐祭，卒爵，再拜稽首，公答再拜。宾降洗象觯，升酌膳，坐奠于荐南，降拜。小臣辞。宾升成拜，公答再拜。宾反位。公坐取宾所媵觯，兴。唯公所赐。受者如初受酬之礼，降更爵洗，升酌膳，下拜。小臣辞。升成拜，公答拜。乃就席，坐行之。有执爵者。唯受于公者拜。司正命执爵者爵辩，卒受者兴以酬士。大夫卒受者以爵兴，西阶上酬士。士升，大夫奠爵拜，士答拜。大夫立卒爵，不拜，实之。士拜受，大夫拜送。士旅于西阶上，辩。士旅酬。卒。

主人洗，升自西阶，献庶子于阼阶上，如献士之礼。辩，降洗，遂献左右正与内小臣，皆于阼阶上，如献庶子之礼。

无算爵。士也，有执膳爵者，有执散爵者。执膳爵者酌以进公，公不拜，受。执散爵者酌以之公，命所赐。所赐者兴受爵，降席下，奠爵，再拜稽首。公答拜。受赐爵者以爵就席坐，公卒爵，然后饮。执膳爵者受公爵，酌，反奠之。受赐爵者兴，授执散爵，执散爵者乃酌行之。唯受爵于公者拜。卒受爵者兴，以酬士于西阶上。士升，大夫不拜，乃饮，实爵。士不拜，受爵。大夫就席。士旅酬，亦如之。公有命彻幂，则卿大夫皆降，西阶下北面东上，再拜稽首。公命小臣辞。公答再拜，大夫皆辟。遂升，反坐。士终旅于上，如初。无算乐。

宵，则庶子执烛于阼阶上，司宫执烛于西阶上，甸人执大烛

于庭，阍人为大烛于门外。宾醉，北面坐取其荐脯以降。奏《陔》。宾所执脯以赐钟人于门内霤，遂出。卿、大夫皆出。公不送。

公与客燕。曰："寡君有不腆之酒，以请吾子之与寡君须臾焉。使某也以请。"对曰："寡君，君之私也。君无所辱赐于使臣，臣敢辞。""寡君固曰不腆，使某固以请！""寡君，君之私也。君尤所辱赐于使臣，臣敢固辞！""寡君固曰不腆，使某固以请！""某固辞，不得命，敢不从？"致命曰："寡君使某，有不腆之酒，以请吾子之与寡君须臾焉！""君贶寡君多矣，又辱赐于使臣，臣敢拜赐命！"

记。燕，朝服，于寝。其牲，狗也，亨于门外东方。若与四方之宾燕，则公迎之于大门内，揖让升。宾为苟敬，席于阼阶之西，北面，有脀，不啐肺，不啐酒。其介为宾。无膳尊，无膳爵。与卿燕，则大夫为宾。与大夫燕，亦大夫为宾。羞膳者与执幂者，皆士也。羞卿者，小膳宰也。若以乐纳宾，则宾及庭，奏《肆夏》；宾拜酒，主人答拜，而乐阕。公拜受爵，而奏《肆夏》；公卒爵，主人升，受爵以下，而乐阕。升歌《鹿鸣》，下管《新宫》，笙入三成，遂合乡乐。若舞，则《勺》。唯公与宾有俎。献公，曰："臣敢奏爵以听命。"凡公所辞，皆栗阶。凡栗阶，不过二等。凡公所酬，既拜，请旅侍臣。凡荐与羞者，小膳宰也。有内羞。君与射，则为下射，袒朱襦，乐作而后就物。小臣以巾授矢，稍属。不以乐志。既发，则小臣受弓以授弓人。上射退于物一笴，既发，则答君而俟。若饮君，燕，则夹爵。君在，大夫射，则肉袒。若与四方之宾燕，媵爵，曰："臣受赐矣。臣请赞执爵者。"相者对曰："吾子无自辱焉。"有房中之乐。

大射仪第七

大射之仪。君有命戒射，宰戒百官有事于射者。射人戒诸公、卿、大夫射，司士戒士射与赞者。

前射三日，宰夫戒宰及司马、射人宿视涤。司马命量人量侯道与所设乏以貍步，大侯九十，参七十，干五十，设乏各去其侯西十、北十。遂命量人、巾车张三侯。大侯之崇，见鹄于参；参见鹄于干，干不及地武，不系左下纲。设乏西十、北十，凡乏用革。

乐人宿县于阼阶东，笙磬西面，其南笙钟，其南镈，皆南陈。建鼓在阼阶西，南鼓，应鼙在其东，南鼓。西阶之西，颂磬东面，其南钟，其南镈，皆南陈。一建鼓在其南，东鼓，朔鼙在其北。一建鼓在西阶之东，南面。簜在建鼓之间，鼗倚于颂磬西纮。

厥明，司宫尊于东楹之西，两方壶，膳尊两甒在南。有丰。幂用锡若絺，缀诸箭。盖幂加如，又反之。皆玄尊。酒在北。尊士旅食于西镈之南，北面，两圜壶。又尊于大侯之乏东北，两壶献酒。设洗于阼阶东南，罍水在东，篚在洗西，南陈。设膳篚在其北，西面。又设洗于获者之尊西北，水在洗北。篚在南，东陈。小臣设公席于阼阶上，西乡。司宫设宾席于户西，南面，有加席。卿席宾东，东上。小卿宾西，东上。大夫继而东上，若有东面者，则北上。席工于西阶之东，东上。诸公阼阶西，北面，东上。官馔羹定。

射人告具于公，公升，即位于席，西乡。小臣师纳诸公、卿、大夫，诸公、卿、大夫皆入门右，北面东上。士西方，东面北上。大史在干侯之东北，北面东上。士旅食者在士南，北面东上。小臣师从者在东堂下，南面西上。公降，立于阼阶之东南，南乡。小臣师诏揖诸公、卿大夫，诸公、卿大夫西面北上。揖大夫，大夫皆少进。大射正摈。摈者请宾，公曰："命某为宾。"摈者命宾，宾少进，礼辞。反命，又命之。宾再拜稽首，受命。摈者反命。宾出，立于门外，北面。公揖卿、大夫，升就席。小臣自阼阶下北面，请执幂者与羞膳者。乃命执幂者。执幂者升自西阶，立于尊南，北面东上。膳宰请羞于诸公卿者。摈者纳宾，宾及庭，公降一等揖宾，宾辟，公升，即席。

奏《肆夏》，宾升自西阶。主人从之，宾右北面，至再拜。宾答再拜。主人降洗，洗南，西北面。宾降阶西，东面。主人辞降，宾对。主人北面盥，坐取觚，洗。宾少进，辞洗。主人坐奠觚于篚，兴对。宾反位。主人卒洗。宾揖，乃升。主人升，宾拜洗。主人宾右奠觚答拜，降盥。宾降，主人辞降，宾对。卒盥。宾揖升。主人升，坐取觚。执幂者举幂，主人酌膳，执幂者盖幂。酌者加勺，又反之。筵前献宾。宾西阶上拜，受爵于筵前，反位。主人宾右拜送爵。宰胥荐脯醢。宾升筵。庶子设折俎。宾坐，左执觚，右祭脯醢，奠爵于荐右；兴取肺，坐绝祭，嚌之；兴加于俎，坐挩手，执爵，遂祭酒，兴，席末坐啐酒，降席，坐奠爵，拜，告旨，执爵兴。主人答拜。乐阕。宾西阶上北面坐，卒爵，兴；坐奠爵，拜，执爵兴。主人答拜。

宾以虚爵降。主人降。宾洗南西北面坐奠觚，少进，辞降。主人西阶西东面少进对。宾坐取觚，奠于篚下，盥洗。主人辞洗。宾坐奠觚于篚，兴对，卒洗，及阶，揖升。主人升，拜洗如宾礼。宾降盥，主人降。宾辞降，卒盥，揖升。酌膳、执幂如初，以酢主人于西阶上。主人北面拜受爵。宾主人之左拜送爵。主人坐祭，不啐酒，不拜酒，遂卒爵，兴，坐奠爵，拜，执爵兴。宾答拜。主人不崇酒，以虚爵降，奠于篚。宾降，立于西阶西，东面。摈者以命升宾。宾升，立于西序，东面。

主人盥，洗象觚，升酌膳，东北面献于公。公拜受爵，乃奏《肆夏》。主人降自西阶，阼阶下北面拜送爵。宰胥荐脯醢，由左房。庶子设折俎，升自西阶。公祭，如宾礼，庶子赞授肺。不拜酒，立卒爵；坐奠爵，拜，执爵兴。主人答拜，乐阕。升受爵，降奠于篚。

更爵，洗，升，酌散以降；酢于阼阶下，北面坐奠爵，再拜稽首。公答拜。主人坐祭，遂卒爵，兴，坐奠爵，再拜稽首。公答拜。主人奠爵于篚。主人盥洗，升媵觚于宾，酌散，西阶上坐奠爵，拜。宾西阶上北面答拜。主人坐祭，遂饮。宾辞。卒爵兴，坐奠爵，拜，执爵兴。宾答拜。主人降洗，宾降。主人辞降，宾辞洗。卒洗。宾揖升，不拜洗。主人酌膳。宾西阶上拜，受爵于筵前，反位。主人拜送爵。宾升席，坐祭酒，遂奠于荐东。主人降，复位。宾降筵西，东南面立。

小臣自阼阶下请媵爵者，公命长。小臣作下大夫二人媵爵。

媵爵者阼阶下皆北面再拜稽首。公答拜。媵爵者立于洗南，西面北上，序进，盥洗角觯，升自西阶，序进，酌散，交于楹北，降，适阼阶下，皆奠觯，再拜稽首，执觯兴。公答拜。媵爵者皆坐祭，遂卒觯，兴，坐奠觯，再拜稽首，执觯兴。公答再拜。媵爵者执觯待于洗南。小臣请致者。若命皆致，则序进，奠觯于篚，阼阶下皆北面再拜稽首。公答拜。媵爵者洗象觯，升实之；序进，坐奠于荐南，北上；降，适阼阶下，皆再拜稽首送觯。公答拜。媵爵者皆退反位。

公坐取大夫所媵觯，兴以酬宾。宾降，西阶下再拜稽首。小臣正辞，宾升成拜。公坐奠觯，答拜，执觯兴。公卒觯，宾下拜，小臣正辞。宾升，再拜稽首。公坐奠觯，答拜，执觯兴。宾进，受虚觯，降，奠于篚，易觯，兴洗，公有命，则不易不洗。反升酌膳，下拜。小

臣正辞。宾升，再拜稽首。公答拜。宾告于摈者，请旅诸臣。摈者告于公，公许。宾以旅大夫于西阶上。摈者作大夫长升受旅。宾大夫之右坐奠觯，拜，执觯兴。大夫答拜。宾坐祭，立卒觯，不拜。若膳觯也，则降、更觯，洗，升实散。大夫拜受。宾拜送，遂就席。大夫辩受酬，如受宾酬之礼，不祭酒。卒受者以虚觯降，奠于篚，复位。

主人洗觚，升实散，献卿于西阶上。司宫兼卷重席，设于宾左，东上。卿升，拜受觚。主人拜送觚。卿辞重席，司宫彻之。乃荐脯醢。卿升席。庶子设折俎。卿坐，左执爵，右祭脯醢，奠爵于荐右，兴，取肺，坐，绝祭，不哜肺，兴，加于俎，坐挩手，取爵，遂祭酒，执爵兴，降席，西阶上北面坐卒爵，兴，坐奠爵，拜，执爵兴。主人答拜，受爵。卿降，复位。辩献卿。主人以虚爵降，奠于篚。摈者升卿，卿皆升，就席。若有诸公，则先卿献之，如献卿之礼，席于阼阶西，北面东上，无加席。

小臣又请媵爵者，二大夫媵爵如初。请致者。若命长致，则媵爵者奠觯于篚，一人待于洗南，长致者阼阶下再拜稽首，公答拜。洗象觯，升实之，坐奠于荐南，降，与立于洗南者二人皆再拜稽首送觯。公答拜。

公又行一爵，若宾，若长，唯公所赐。以旅于西阶上，如初。大夫卒受者以虚觯降，奠于篚。

主人洗觚，升，献大夫于西阶上。大夫升，拜受觚。主人拜送觚。大夫坐祭，立卒爵，不拜既爵。主人受爵。大夫降复位。胥荐主人于洗北，西面。脯醢，无脊。辩献大夫，遂荐之，继宾以西，东上，若有东面者，则北上。卒，摈者升大夫。大夫皆升，就席。

乃席工于西阶上，少东。小臣纳工，工六人，四瑟。仆人正徒相大师，仆人师相少师，仆人士相上工。相者皆左何瑟，后首，内弦，挎越，右手相。后者徒相入。小乐正从之。升自西阶，北面东上。坐授瑟，乃降。小乐正立于西阶东。乃歌《鹿鸣》三终。主人洗，升实爵，献工。工不兴，左瑟；一人拜受爵。主人西阶上拜送爵。荐脯醢。使人相祭。卒爵，不拜。主人受虚爵。众工不拜，受爵，坐祭，遂卒爵。辩有脯醢，不祭。主人受爵，降奠于篚，复位。大师及少师、上工皆降，立于鼓北，群工陪于后。乃管《新宫》三终。卒管。大师及少师、上工皆东坫之东南，西面北上，坐。

摈者自阼阶下请立司正。公许，摈者遂为司正。司正适洗，洗角觯，南面坐奠于中庭，升，东楹之东受命于公，西阶上北面命宾、诸公、卿、大夫。公曰："以我安！"宾、诸公、卿、大夫皆对曰："诺！敢不安？"司正降自西阶，南面坐取觯，升、酌散、降，南面坐奠觯、兴，右还，北面少立、坐取觯，兴、坐，不祭，卒觯，奠之，兴，再拜稽首，左还，南面坐取觯，洗、南面反奠于其所，北面立。

司射适次，袒决遂，执弓，挟乘矢，于弓外见镞于拊，右巨指钩弦。自阼阶前曰："为政请射。"遂告曰："大夫与大夫，士御于大夫。"遂适西阶前，东面右顾，命有司纳射器，射器皆入。君之弓矢适东堂。宾之弓矢与中、筹、丰，皆止于西堂下。众弓矢不挟。抠众弓矢、楅，皆适次而俟。工人、士与梓人升自北阶，两楹之间。疏数容弓，若丹，若墨，度尺而午。射正莅之。卒画，自北阶下。司宫扫所画物，自北阶下。大史俟于所设中之西，东面以听政。司射西面誓之曰："公射大侯，大夫射参，士射干。射者非其侯，中之不获！卑者与尊者为耦，不异侯！"大史许诺。遂比三耦。三耦俟于次北，西面北上。司射命上射，曰："某御于子。"命下射，曰："子与某子射。"卒，遂命三耦取弓矢于次。

司射入于次，搢三挟一个，出于次，西面揖，当阶北面揖，及阶揖，升堂揖，当物北面揖，及物揖，由下物少退，诱射。射三侯，将乘矢，始射干，又射参，大侯再发。卒射，北面揖。及阶，揖降，如升射之仪。遂适堂西，改取一个挟之。遂取扑搢之，以立于所设中之西南，东面。

司马师命负侯者："执旌以负侯。"负侯者皆适侯，执旌负

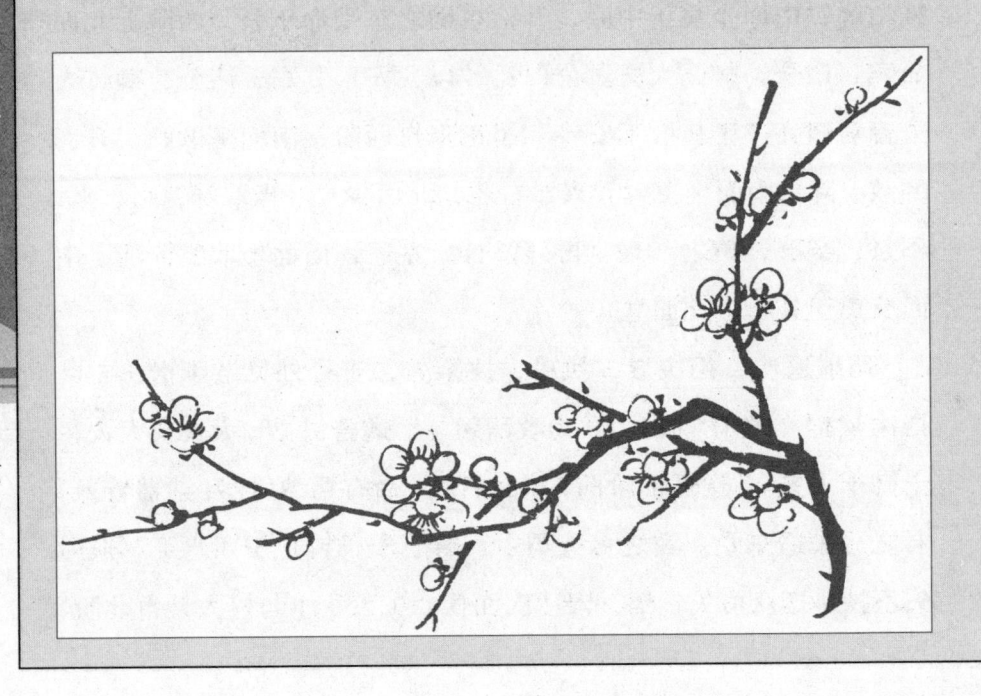

侯而俟。司射适次，作上耦射。司射反位。上耦出次，西面揖进。上射在左，并行。当阶北面揖，及阶揖。上射先升三等，下射从之，中等。上射升堂，少左。下射升，上射揖，并行。皆当其物北面揖，及物揖。皆左足履物，还，视侯中，合足而俟。司马正适次，袒决遂，执弓，右挟之，出，升自西阶，适下物，立于物间，左执拊，右执箫，南扬弓，命去侯。负侯皆许诺，以宫趋，直西，及乏南，又诺以商，至乏，声止，授获者，退立于西方。获者兴，共而俟。司马正出于下射之南，还其后，降自西阶，遂适次，释弓，说决拾，袭，反位。司射进，与司马正交于阶前，相左，由堂下西阶之东北面视上射，命曰："毋射获！毋猎获！"上射揖。司射退，反位。乃射，上射既发，挟矢，而后下射射，拾发以将乘矢。获者坐而获，举旌以宫，偃旌以商，获而未释获。卒射，右挟之，北面揖，揖如升射。上射降三等，下射少右，从之，中等；并行，上射于左。与升射者相左，交于阶前，相揖。适次，释弓，说决拾，袭，反位。三耦卒射亦如之。司射去扑，倚于阶西，适阼阶下，北面告于公，曰："三耦卒射。"反，搢扑，反位。

司马正袒、决、遂，执弓，右挟之，出；与司射交于阶前，相左。升自西阶，自右物之后，立于物间；西南面，揖弓，命取矢。负侯许诺，如初去侯，皆执旌以负其侯而俟。司马正降自西阶，北面命设福。小臣师设福。司马正东面，以弓为毕。既设福，司马正适次，释弓，说决拾，袭，反位。小臣坐委矢于福，北括；司马师坐乘之，卒。若矢不备，则司马正又袒执弓，升，命取矢如初，曰："取矢不索！"乃复求矢，加于福。卒，司马正进坐，左右抚之，兴，反位。

司射适西阶西，倚扑；升自西阶，东面请射于公。公许。遂适西阶上，命宾御于公，诸公、卿则以耦告于上，大夫则降，即位而后告。司射自西阶上，北面告于大夫，曰："请降！"司射先降，搢扑，反位。大夫从之降，适次，立于三耦之南，西面北上。司射东面于大夫之西，比耦。大夫与大夫，命上射曰："某御于子。"命下射曰："子与某子射。"卒，遂比众耦。众耦立于大夫之南，西面北上。若有士与大夫为耦，则以大夫之耦为上，命大夫之耦曰："子与某子射。"告于大夫曰："某御于子。"命众耦，如命三耦之辞。诸公、卿皆未降。

遂命三耦各与其耦拾取矢，皆袒、决、遂，执弓，右挟之。一耦出，西面揖，当楅北面揖，及楅揖。上射东面，下射西面。上射揖进，坐横弓，却手自弓下取一个，兼诸弣，兴，顺羽且左还，毋周，反面揖。下射进，坐横弓，覆手自弓上取一个，兼诸弣，兴；顺羽，且左还，毋周，反面揖。既拾取矢，捆之。兼挟乘矢，皆内还，南面揖；适楅南，皆左还，北面揖；搢三挟一个。揖，以耦左还，上射于左。退者与进者相左，相揖。退释弓矢于次，说决拾，袭，反位。二耦拾取矢，亦如之。后者遂取诱射之矢，兼乘矢而取之，以授有司于次中。皆袭，反位。

司射作射如初。一耦揖、升如初。司马命去侯，负侯许诺如初。司马降，释弓，反位。司射犹挟一个，去扑；与司马交于阶前，适阼阶下，北面请释获于公；公许，反，搢扑；遂命释获者设中；以弓为毕，北面。大史释获。小臣师执中，先首，坐设之；东面，退。大史实八筹于中，横委其余于中西，兴，共而俟。司射西面命曰："中离维纲，扬触，捆复，公则释获，众则不与！唯公所中，中三侯皆获。"释获者命小史，小史命获者。司射遂进由堂下，北面视上射，命曰："不贯不释！"上射揖。司射退，反位。释获者坐取中之八筹，改实八筹，兴，执而俟。乃射。若中，则释获者每一个释一筹，上射于右，下射于左。若有余筹，则反委之。又取中之八筹，改实八筹于中。兴，执而俟。三耦卒射。

宾降，取弓矢于堂西。诸公、卿则适次，继三耦以南。公将射，则司马师命负侯，皆执其旌以负其侯而俟，司马师反位。隶仆人扫侯道。司射去扑，适阼阶下，告射于公，公许，适西阶东告于宾，遂搢扑，反位。小射正一人，取公之决拾于东坫上，一小射正授弓拂弓，皆以俟于东堂。公将射，则宾降，适堂西，袒决遂，执弓，搢三挟一个，升自西阶，先待于物北，一笴，东面立。司马升，命去侯如初；还右，乃降，释弓，反位。公就物，小射正奉决拾以笴，大射正执弓，皆以从于物。小射正坐奠笴于物南，遂拂以巾，取决，兴，赞设决、朱极三。小臣正赞袒，公袒朱襦，卒袒，小臣正退俟于东堂。小射正又坐取拾，兴。赞设拾，以笴退奠于坫上，复位。大射正执弓，以袂顺左右隈，上再下一，左执弣，右执箫，以授公。公亲揉之。小臣师以巾内拂矢，而授矢于公，稍属。大射正立于公后，以矢行告于公。下曰留，上曰扬，左右曰方。公既发，大射正受弓而俟，拾发以将乘矢。公卒射，小臣师以巾退，反位，大射正受弓，小射正以笴受决拾，退奠于坫上，复位。大射正退，反司正之位。小臣正赞袭。公还而后宾降，释弓于堂西，反位于阶西东面。公即席,司正以命升宾。宾升复筵而后卿大夫继射。诸公、卿取弓矢于次中,袒决遂,执弓,搢三挟一个,出,西面揖,揖如三耦,升射、卒射、降如三耦,适次,释弓,说决拾,袭,反位。众皆继射,释获皆如初。卒射,释获者遂以所执余获,适阼阶下,北面告于公,曰:"左右卒射。"反位,坐委余获于中西,兴,共而俟。

司马袒执弓,升,命取矢如初。负侯许诺,以旌负侯如初。司马降,释弓如初。小臣委矢于楅,如初。宾、诸公、卿、大夫之矢皆异束之以茅,卒,正坐左右抚之,进束,反位。宾之矢,则以授矢人于西堂下。司马释弓,反位,而后卿、大夫升就席。

司射适阶西,释弓,去扑,袭;进由中东,立于中南,北面视算。

释获者东面于中西坐，先数右获。二筭为纯，一纯以取，实于左手。十纯则缩而委之，每委异之。有余纯，则横诸下。一筭为奇，奇则又缩诸纯下。兴，自前适左，东面坐，坐，兼敛筭，实于左手，一纯以委，十则异之，其余如右获。司射复位。释获者遂进取贤获，执之，由阼阶下，北面告于公。若右胜，则曰右贤于左。若左胜，则曰左贤于右。以纯数告；若有奇者，亦曰奇。若左右钧，则左右各执一算以告，曰左右钧。还复位，坐，兼敛算，实八算于中，委其余于中西，兴，共而俟。

司射命设丰。司官士奉丰，由西阶升，北面坐设于西楹西，降复位。胜者之弟子洗觯，升酌散，南面坐奠于丰上，降反位。司射遂袒执弓，挟一个，搢扑，东面于三耦之西，命三耦及众射者："胜者皆袒决遂，执张弓。不胜者皆袭，说决拾，却左手，右加弛弓于其上，遂以执弣。"司射先反位。三耦及众射者皆升饮射爵于西阶上。小射正作升饮射爵者，如作射。一耦出，揖如升射，及阶，胜者先升，升堂少右。不胜者进，北面坐取丰上之觯，兴；少退，立卒觯，进；坐奠于丰下，兴，揖。不胜者先降，与升饮者相左，交于阶前，相揖；适次，释弓，袭，反位。仆人师继酌射爵，取觯实之，反奠于丰上，退俟于序端。升饮者如初。三耦卒饮。若宾、诸公、卿、大夫不胜，则不降，不执弓，耦不升。仆人师洗，升实觯以授；宾、诸公、卿、大夫受觯于席，以降，适西阶上，北面立饮，卒觯，授执爵者，反就席。若饮公，则侍射者降，洗角觯，升酌散，降拜；公降一等，小臣正辞，宾升、再拜稽首，公答再拜；宾坐祭，卒爵，再拜稽首，公答再拜；宾降，洗象觯，升酌膳以致，下拜，小臣正辞，升、再拜稽首，公答再拜；公卒觯，宾进受觯，降洗散觯，升实散，下拜，小臣正辞，升、再拜稽首，公答再拜；坐，不祭，卒觯，降奠于篚，阶西东面立。摈者以命升宾，宾升就席。若诸公、卿、大夫之耦不胜，则亦执弛弓，特升饮。众皆继饮射爵，如三耦。射爵辩，乃彻丰与觯。

司宫尊侯于服不之东北，两献酒，东面南上，皆加勺设洗于尊西北，篚在南，东肆，实一散于篚。司马正洗散，遂实爵，献服不。服不侯西北三步，北面拜受爵。司马正西面拜送爵，反位。宰夫有司荐，庶子设折俎。卒错，获者适右个，荐俎从之。获者左执爵，右祭荐俎，二手祭酒；适左个，祭如右个，中亦如之。卒祭，左个之西北三步，东面。设荐俎，立卒爵。司马师受虚爵，洗献隶仆人与巾车、获者，皆如大侯之礼。卒，司马师受虚爵，奠于篚。获者皆执其荐，庶子执俎从之，设于乏少南。服不复负侯而俟。

司射适阶西，去扑，适堂西，释弓，说决拾，袭，适洗，洗觚，升，实之，降，献释获者于其位，少南。荐脯醢、折俎，皆有祭。释获者荐右东面拜受爵。司射北面拜送爵。释获者就其荐坐，左执爵，右祭脯醢，兴取肺，坐祭，遂祭酒；兴，司射之西，北面立卒爵，不拜既爵。司射受虚爵，奠于篚。释获者少西辟荐，反位。司射适堂西，袒决遂，取弓，挟一个，适阶西，摺扑以反位。

司射倚扑于阶西，适阼阶下，北面请射于公，如初。反摺扑，适次，命三耦皆袒决遂，执弓，序出取矢。司射先反位。三耦拾取矢如初，小射正作取矢如初。三耦既拾取矢，诸公、卿、大夫皆降如初位，与耦入于次，皆袒决遂，执弓，皆进当楅，进坐，说矢束。上射东面，下射西面，拾取矢如三耦。若士与大夫为耦，士东面，大夫西面。大夫进坐，说矢束，退反位。耦揖进坐，兼取乘矢，兴，顺羽，且左还，毋周，反面揖。大夫进坐，亦兼取乘矢，如其耦；北面搢三挟一个，揖进。大夫与其耦皆适次，释弓，说决拾，袭，反位。诸公、卿升就席。众射者继拾取矢，皆如三耦，遂入于次，释弓矢，说决拾，袭，反位。

司射犹挟一个以作射，如初。一耦揖升如初。司马升，命去侯，负侯许诺。司马降，释弓反位。司射与司马交于阶前，倚扑于阶西，适阼阶下，北面请以乐于公。公许。司射反，搢扑，东面命乐正曰："命用乐！"乐正曰："诺。"司射遂适堂下，北面视上射，命曰："不鼓不释！"上射揖。司射退反位。乐正命大师，曰："奏《狸首》，间若一！"大师不兴，许诺。乐正反位。奏《狸首》以射，三耦卒射。宾待于物如初。公乐作而后就物，稍属，不以乐志。其他如初仪，卒射如初。宾就席。诸公、卿、大夫、众射者皆继射，释获如初。卒射，降反位。释获者执余获进告："左右卒射。"如初。

司马升，命取矢，负侯许诺。司马降，释弓反位。小臣委矢，司马师乘之，皆如初。司射释弓、视筭，如初。释获者以贤获与钧告，如初。复位。司射命设丰、实觯，如初。遂命胜者执张弓，不胜者执弛弓，升、饮如初。卒，退丰与觯，如初。

司射犹袒决遂，左执弓，右执一个，兼诸弦，面镞，适次，命拾取矢，如初。司射反位。三耦及诸公、卿、大夫、众射者，皆袒决遂以拾取矢，如初。矢不挟，兼诸弦，面镞；退适次，皆授有司弓矢，袭，反位。卿、大夫升就席。司射适次，释弓，说决拾，去扑，袭，反位。司马正命退福解纲。小臣师退福，巾车、量人解左下纲。司马师命获者以旌与荐俎退。司射命释获者退中与筹而俟。

公又举奠觯，唯公所赐。若宾，若长，以旅于西阶上，如初。大夫卒受者以虚觯降，奠于篚，反位。

司马正升自西阶，东楹之东，北面告于公，请彻俎，公许。遂适西阶上，北面告于宾。宾北面取俎以出。诸公、卿取俎如宾礼，遂出，授从者于门外。大夫降复位。庶子正彻公俎，降自阼阶以东。宾、诸公、卿皆入门，东面北上。司正升宾。宾、诸公、卿、大夫皆说屦，升就席。公以宾及卿、大夫皆坐，乃安，羞庶羞。大夫祭荐。司正升受命，公曰："众无不醉！"宾及诸公、卿、大夫皆兴，对曰："诺！敢不醉？"皆反位坐。

主人洗、酌，献士于西阶上。士长升，拜受觯，主人拜送。士坐祭，立饮，不拜既爵。其他不拜，坐祭，立饮。乃荐司正与射人于觯南，北面东上，司正为上。辩献士。士既献者立于东方，西面北上。乃荐士。祝史、小臣师亦就其位而荐之。主人就士旅食之尊而献之。旅食不拜，受爵，坐祭，立饮。主人执虚爵，奠于篚，复位。

宾降洗，升，媵觯于公，酌散，下拜。公降一等，小臣正辞。宾升再拜稽首，公答再拜。宾坐祭，卒爵，再拜稽首。公答再拜。宾降，洗象觚，升酌膳，坐奠于荐南，降拜。小臣正辞。宾升成拜，公答拜。宾反位。公坐取宾所媵觯，兴。唯公所赐。受者如初受酬之礼。降，更爵，洗；升酌膳；下，再拜稽首。小臣正辞，升成拜。公答拜。乃就席，坐行之，有执爵者。唯受于公者拜。司正命"执爵者爵辩，卒受者兴以酬士。"大夫卒受者以爵兴，西阶上酬士。士升，大夫奠爵拜，受答拜。大夫立卒爵，不拜，实之。士拜受，大夫拜送。士旅于西阶上，辩。士旅酌。

若命曰："复射！"则不献庶子。司射命射，唯欲。卿、大夫皆降，再拜稽首。公答拜。一发，中三侯皆获。

主人洗，升自西阶，献庶子于阼阶上，如献士之礼。辩献。降洗，遂献左右正与内小臣，皆于阼阶上，如献庶子之礼。

无算爵。士也，有执膳爵者，有执散爵者。执膳爵者酌以进公；公不拜，受。执散爵者酌以之公，命所赐。所赐者兴受

爵，降席下，奠爵，再拜稽首；公答再拜。受赐爵者以爵就席坐，公卒爵，然后饮。执膳爵者受公爵，酌，反奠之。受赐者兴，授执散爵者。执散爵者乃酌行之。唯受于公者拜。卒爵者兴以酬士于西阶上。士升。大夫不拜乃饮，实爵；士不拜，受爵。大夫就席。士旅酬，亦如之。公有命彻幂，则宾及诸公、卿、大夫皆降，西阶下北面东上，再拜稽首。公命小臣正辞，公答拜。大夫皆辟。升，反位。士旅于上，如初。无算乐。

宵，则庶子执烛于阼阶上，司宫执烛于西阶上，甸人执大烛于庭，阍人为烛于门外。宾醉，北面坐取其荐脯以降。奏《陔》。宾所执脯，以赐钟人于门内霤，遂出。卿、大夫皆出，公不送。公入，《骜》。

聘礼第八

聘礼。君与卿图事，遂命使者，使者再拜稽首辞，君不许，乃退。既图事，戒上介，亦如之。宰命司马戒众介，众介皆逆命，不辞。

宰书币，命宰夫官具。及期，夕币。使者朝服，帅众介夕。管人布幕于寝门外。官陈币，皮北首，西上，加其奉于左皮上；马则北面，奠币于其前。使者北面，众介立于其左，东上。卿、大夫在幕东，西面北上。宰入，告具于君。君朝服出门左，南乡。史读书展币。宰执书，告备具于君，授使者。使者受书，授上介。公揖入。官载其币，舍于朝。上介视载者、所受书以行。

厥明，宾朝服释币于祢。有司筵几于室中。祝先入，主人从入。主人在右，再拜，祝告，又再拜。释币，制玄纁束，奠于几下，出。主人立于户东。祝立于牖西，又入，取币，降，卷币，实于篚，埋于西阶东。又释币于行。遂受命。上介释币亦如之。

上介及众介俟于使者之门外。使者载旜，帅以受命于朝。君朝服，南乡。卿、大夫西面北上。君使卿进使者。使者入，及众介随入，北面东上。君揖使者，进之，上介立于其左，接闻命。贾人西面坐启椟，取圭垂缫，不起而授宰。宰执圭屈缫，自公左授使者。使者受圭，同面，垂缫以受命。既述命，同面授上介。上介受圭屈缫，出，授贾人，众介不从。受享束帛加璧，受夫人之聘璋，享玄纁束帛加琮，皆如初。遂行，舍于郊，敛旜。

若过邦，至于竟，使次介假道，束帛将命于朝，曰："请帅。"奠币。下大夫取以入告，出许，遂受币。饩之以其礼，上宾大牢，积唯刍禾，介皆有饩。士没其竟。誓于其竟，宾南面，上介西面，众介北面东上，史读书，司马执策立于其后。

未入竟，壹肆。为壝坛，画阶，帷其北，无宫。朝服无主，无执也。介皆与，北面西上。习享，士执庭实习夫人聘享，亦如之。习公事，不习私事。及竟，张旜，誓。乃谒关人。关人问从者几人，以介对。君使士请事，遂以入竟。

入竟，敛旜，乃展。布幕，宾朝服立于幕东，西面，介皆北面东上。贾人北面，坐拭圭，遂执展之。上介北面视之，退复位。退圭。陈皮，北首，西上，又拭璧，展之，会诸其币，加于左皮上。上介视之，退。马则幕南、北面，奠币于其前。展夫人之聘享，亦如之，贾人告于上介，上介告于宾。有司展群币以告。及郊，又展，如初。及馆，展币于贾人之馆，如初。

宾至于近郊，张旃。君使下大夫请行，反。君使卿朝服，用束帛劳。上介出请。入告。宾礼辞，迎于舍门之外，再拜。劳者不答拜。宾揖，先入，受于舍门内。劳者奉币入，东面致命。宾北面听命，还，少退，再拜稽首，受币。劳者出。授老币，出迎劳者。劳者礼辞。宾揖，先入，劳者从之。乘皮设。宾用束锦傧劳者，劳者再拜稽首受。宾再拜稽首，送币。劳者揖皮出，乃退。宾送再拜。夫人使下大夫劳以二竹簋方，玄被纁里，有盖，其实枣蒸栗择，兼执之以进。宾受枣，大夫二手授栗。宾之受，如初礼。傧之如初。下大夫劳者遂以宾入。

至于朝，主人曰："不腆先君之祧，既拚以俟矣。"宾曰："俟间。"大夫帅至于馆，卿致馆。宾迎，再拜。卿致命，宾再拜稽

首。卿退，宾送再拜。宰夫朝服设飧：饪一牢，在西，鼎九，羞鼎三；腥一牢，在东，鼎七。堂上之馔八，西夹六。门外米、禾皆二十四，薪刍倍禾。上介：饪一牢，在西，鼎七，羞鼎三；堂上之馔六；门外米、禾皆十车，薪刍倍禾。众介皆少牢。

厥明，讶宾于馆。宾皮弁聘，至于朝。宾入于次，乃陈币。卿为上摈，大夫为承摈，士为绍摈。摈者出请事。公皮弁，迎宾于大门内。大夫纳宾。宾入门左，公再拜，宾辟，不答拜。公揖入，每门每曲揖。及庙门，公揖入，立于中庭；宾立接西塾。几筵既设，摈者出请命。贾人东面坐启椟，取圭垂缫，不起而授上介。上介不袭，执圭屈缫，授宾。宾袭，执圭。摈者入告，出辞玉。纳宾，宾入门左。介皆入门左，北面西上。三揖，至于阶，三让。公升二等，宾升，西楹西，东面。摈者退中庭。宾致命。公左还，北乡。摈者进。公当楣再拜。宾三退，负序。公侧袭，受玉于中堂与东楹之间。摈者退，负东塾而立。宾降，介逆出。宾出。公侧授宰玉，裼，降立。摈者出请。宾裼，奉束帛加璧享。摈者入告，出许。庭实，皮则摄之，毛在内；内摄之，入设也。宾入门左，揖让如初，升致命，张皮。公再拜受币。士受皮者自后右客；宾出，当之坐摄之。公侧授宰币，皮如入，右首而东。聘于夫人，用璋，享用琮，如初礼。若有言，则以束帛，如享礼。摈者出请事，宾告事毕。

宾奉束锦以请觌。摈者入告，出辞，请礼宾。宾礼辞，听命。摈者入告。宰夫彻几改筵。公出，迎宾以入，揖让如初。公升，侧受几于序端。宰夫内拂几三，奉两端以进。公东南乡，外拂几三，卒，振袂，中摄之，进，西乡。摈者告。宾进，讶受几于筵前，东面俟。公壹拜送。宾以几辞，北面设几，不降，阶上答再拜稽首。宰夫实觯以醴，加柶于觯，面枋。公侧受醴。宾不降，壹拜，进筵前受醴，复位。公拜送醴。宰夫荐笾豆脯醢，宾升筵，摈者退负东塾。宾祭脯醢，以柶祭醴三，庭实设。降筵，北面，以柶兼诸觯，尚擸，坐啐醴。公用束帛。建柶，北面奠于荐东。摈者进相币。宾降辞币，公降一等辞。栗阶升，听命，降拜，公辞。升，再拜稽首，受币，当东楹，北面，退，东面俟。公壹拜，宾降也。公再拜。宾执左马以出。上介受宾币，从者讶受马。

宾觌，奉束锦，总乘马，二人赞。入门右，北面奠币，再拜稽首。摈者辞。宾出。摈者坐取币出，有司二人牵马以从，出门，西面于东塾南。摈者请受。宾礼辞，听命。牵马，右之。入设。宾奉币，

入门左，介皆入门左，西上。公揖让如初，升。公北面再拜。宾三退，反还负序。振币进授，当东楹北面。士受马者，自前还牵者后，适其右，受。牵马者自前西，乃出。宾降阶东拜送。君辞。拜也，君降一等辞。摈者曰："寡君从子，虽将拜，起也。"栗阶升。公西乡。宾阶上再拜稽首。公少退。宾降出。公侧授宰币。马出。

公降立。摈者出请。上介奉束锦，士介四人皆奉玉锦束，请觌。摈者入告，出许。上介奉币，俪皮，二人赞；皆入门右，东上，奠币，皆再拜稽首。摈者辞，介逆出。摈者执上币，士执众币；有司二人举皮，从其币。出请受。委皮南面；执币者西面北上。摈者请受。介礼辞，听命。皆进，讶受其币。上介奉币，皮先，入门左，奠皮。公再拜。介振币，自皮西进，北面授币，退复位，再拜稽首送币。介出。宰自公左受币，有司二人坐举皮以东。摈者又纳士介。士介入门右，奠币，再拜稽首。摈者辞，介逆出。摈者执上币以出，礼请受，宾固辞。公答再拜。摈者出，立于门中以相拜，士介皆辞。士三人，东上，坐取币，立。摈者进。宰夫受币于中庭，以东，执币者序从之。

摈者出请，宾告事毕。摈者入告，公出送宾。及大门内，公问君。宾对，公再拜。公问大夫，宾对。公劳宾，宾再拜稽首，公答拜。公劳介，介皆再拜稽首，公答拜。宾出，公再拜送，宾不顾。

宾请有事于大夫，公礼辞，许。宾即馆。卿、大夫劳宾，宾不见。大夫奠雁再拜，上介受。劳上介，亦如之。

君使卿韦弁，归饔饩五牢。上介请事，宾朝服礼辞。有司入陈。

饔，饪一牢，鼎九，设于西阶前，陪鼎当内廉，东面北上，上当碑，南陈。牛、羊、豕、鱼、腊、肠、胃同鼎，肤、鲜鱼、鲜腊，设扃鼏。膷、臐、膮，盖陪牛、羊、豕。腥二牢，鼎二七，无鲜鱼、鲜腊，设于阼阶前，西面，南陈如饪鼎，二列。堂上八豆，设于户西，西陈，皆二以并，东上韭菹，其南醓醢，屈。八笾继之，黍其南稷，错。六铏继之，牛以西羊、豕，豕南牛，以东羊、豕。两簠继之，粱在北，八壶设于西序，北上，二以并，南陈。西夹六豆，设于西墉下，北上韭菹，其东醓醢，屈。六笾继之，黍其东稷，错。四铏继之，牛以南羊，羊东豕，豕以北牛。两簠继之，粱在西。皆二以并，南陈。六壶西上，二以并，东陈。馔于东方，亦如之，西北上。壶东上，西陈。醯醢百瓮，夹碑，十以为列，醯在东。饩二牢，陈于门西，北面东上。牛以西羊、豕，豕西牛、羊、豕。米百筥，筥半斛，设于中庭，十以为列，北上。黍、粱、稻皆二行，稷四行。门外，米三十车，车秉有五籔。设于门东，为三列，东陈；禾三十车，车三秅。设于门西，西陈。薪刍倍禾。

宾皮弁迎大夫于外门外，再拜，大夫不答拜。揖入。及庙门，宾揖入。大夫奉束帛，入，三揖，皆行。至于阶，让，大夫先升一等。宾从，升堂，北面听命。大夫东面致命，宾降，阶西再拜稽首，拜饩亦如之。大夫辞，升成拜。受币堂中西，北面。大夫降，出。宾降，授老币，出迎大夫。大夫礼辞，许。入，揖让如初。宾升一等，大夫从，升堂。庭实设，马乘。宾降堂，受老束锦，大夫止。宾奉币西面，大夫东面。宾致币。大夫对，北面当楣，再拜稽首，受币于楹间，南面，退，东面俟。宾再拜稽首送币。大夫降，执左马以出。宾送于外门外,再拜。明日,宾拜于朝,拜饔与饩,皆再拜稽首。上介饔饩三牢。饪一牢在西,鼎七,羞鼎三。腥一牢,在东,鼎七。堂上之馔六,西夹亦如之。筥及瓮,如上宾。饩一牢。门外米、禾视死牢,牢十车,薪刍倍禾。凡其实与陈,如上宾。下大夫韦弁,用束帛致之。上介韦弁以受,如宾礼。傧之两马束锦。士介四人,皆饩大牢,米百筥,设于门外。宰夫朝服,牵牛以致之。士介朝服,北面再拜稽首受。无傧。宾朝服问卿。卿受于祖庙。下大夫摈。摈者出请事;大夫朝服迎于外门外,再拜。宾不答拜,揖。大夫先入,每门每曲揖。及庙门,大夫揖入。摈者请命。庭实设四皮。宾奉束帛入。三揖,皆行,至于阶,让。宾升一等;大夫从,升堂,北面听命。宾东面致命。大夫降,阶西再拜稽首。宾辞,升成拜。受币堂中西,北面。宾降,出。大夫降,授老币,无傧。

摈者出请事。宾面,如觌币。宾奉币,庭实从,入门右。大夫辞。宾遂左。庭实设,揖让如初。大夫升一等,宾从之。大夫西面,宾称面。大夫对,北面当楣再拜,受币于楹间,南面,退,西面立。宾当楣再拜送币,降,出。大夫降,授老币。

摈者出请事。上介特面,币如觌。介奉币。皮,二人赞。入门右,奠币,再拜。大夫辞。摈者反币。庭实设,介奉币入,大夫揖让如初。介升,大夫再拜受。介降拜,大夫降辞。介升,再拜送币。摈者出请。众介面,如觌币,入门右,奠币,皆再拜。大夫辞,介逆出。摈者执上币出,礼请受,宾辞。大夫答再拜。摈者执上币,立于门中以相拜,士介皆辟。老受摈者币于中庭,士三人坐取群币以从之。摈者出请事。宾出，大夫送于外门外，再拜。宾不顾。摈者退，大夫拜辱。下大夫尝使至者，币及之。上介朝服、三介，问下大夫，下大夫如卿受币之礼。其面，如宾面于卿之礼。

大夫若不见，君使大夫各以其爵为之受，如主人受币礼，不拜。夕，夫人使下大夫韦弁归礼。堂上笾豆六，设于户东，西上，二以并，东陈。壶设于东序，北上，二以并，南陈。醴、黍、清，皆两壶。大夫以束帛致之。宾如受饔之礼，傧之乘马束锦。上介四豆、四笾、四壶，受之如宾礼；傧之两马束锦。明日，宾拜礼于朝。

大夫饩宾大牢，米八筐。宾迎，再拜。老牵牛以致之，宾再拜稽首受。老退，宾再拜送。上介亦如之。众介皆少牢，米六筐，皆士牵羊以致之。

公于宾，壹食，再飨。燕与羞，俶献，无常数。宾介皆明日拜于朝。上介壹食壹飨。若不亲食，使大夫各以其爵、朝服致之以侑币。如致飨，无傧。致飨以酬币，亦如之。大夫于宾，壹飨壹食。上介，若食，若飨；若不亲飨，则公作大夫致之以酬币，致食以侑币。

君使卿皮弁，还玉于馆。宾皮弁，袭，迎于外门外，不拜；帅大夫以入。大夫升自西阶，钩楹。宾自碑内听命，升自西阶，自左，南面受圭，退负右房而立。大夫降中庭。宾降，自碑内，东面，授上介于阼阶东。上介出请，宾迎，大夫还璋，如初入。宾裼，迎。大夫贿用束纺。礼玉、束帛、乘皮，皆如还玉礼。大夫出，宾送，不拜。

公馆宾，宾辟，上介听命。聘享，夫人之聘享，问大夫，送宾，公皆再拜。公退，宾从，请命于朝。公辞，宾退。

宾三拜乘禽于朝，讶听之。遂行，舍于郊。公使卿赠，如觌币。受于舍门外，如受劳礼，无傧。使下大夫赠上介，亦如之。使士赠众介，如其觌币。大夫亲赠，如其面币，无傧，赠上介亦如之。使人赠众介，如其面币。士送至于竟。使者归，及郊，请反命。朝服，载旜，禓，乃入。乃入陈币于朝，西上。上宾之公币、私币皆陈，上介公币陈，他介皆否。束帛各加其庭实，皮左。公南乡。卿进使者，使者执圭垂缫，北面；上介执璋屈缫，立于其左。反命，曰："以君命聘于某君，某君受币于某宫，某君再拜。以享某君，某君再拜。"宰自公左受玉。受上介璋，致命亦如之。执贿币以告，曰："某君使某子贿。"授宰。礼玉亦如之。执礼币，以尽言赐礼。公曰："然。而不善乎！"授上介币，再拜稽首，公答再拜。私币不告。君劳之，再拜稽首，君答再拜。若有献，则曰："某君

之赐也。君其以赐乎？"上介徒以公赐告，如上宾之礼。君劳之。再拜稽首。君答拜。劳士介亦如之。君使宰赐使者币，使者再拜稽首。赐介，介皆再拜稽首。乃退，介皆送至于使者之门，乃退揖。使者拜其辱。

释币于门，乃至于祢，筵几于室，荐脯醢。觞酒陈。席于阼，荐脯醢，三献。一人举爵，献从者，行酬，乃出。上介至，亦如之。

聘遭丧，入竟，则遂也。不郊劳。不筵几。不礼宾。主人毕归礼，宾唯饔饩之受。不贿，不礼玉，不赠。遭夫人、世子之丧，君不受，使大夫受于庙，其他如遭君丧。遭丧，将命于大夫，主人长衣练冠以受。

聘，君若薨于后，入竟则遂。赴者未至，则哭于巷，衰于馆；受礼，不受飨食。赴者至，则衰而出。唯稍，受之。归，执圭复命于殡，升自西阶，不升堂。子即位，不哭。辩复命，如聘。子臣皆哭。与介入，北乡哭。出，袒括发。入门右，即位踊。

若有私丧，则哭于馆，衰而居，不飨食。归。使众介先，衰而从之。

宾入竟而死，遂也。主人为之具，而殡。介摄其命。君吊，介为主人。主人归礼币，必以用。介受宾礼，无辞也。不飨食。归，介复命，柩止于门外。介卒复命，出，奉柩送之。君吊，卒殡。若大夫介卒，亦如之。士介死，为之棺敛之，君不吊焉。若宾死，未将命，则既敛于棺，造于朝，介将命。若介死，归复命，唯上介造于朝。若介死，虽士介，宾既复命，往，卒殡乃归。

小聘曰问。不享，有献，不及夫人，主人不筵几，不礼。面不升不郊劳。其礼,如为介,三介。

　　记。久无事,则聘焉。若有故,则卒聘。束帛加书将命,百名以上书于策,不及百名书于方。主人使人与客读诸门外。客将归,使大夫以其束帛反命于馆。明日,君馆之。既受行,出,遂见宰,问几月之资。使者既受行日,朝同位。出祖,释軷,祭酒脯,乃饮酒于其侧。所以朝天子,圭与缫皆九寸,剡上寸半,厚半寸,博三寸,缫三采六等,朱白仓。问诸侯,朱绿缫,八寸。皆玄纁系,长尺,绚组。问大夫之币,俟于郊,为肆。又赍皮马。辞无常,孙而说。辞多则史,少则不达。辞苟足以达,义之至也。辞曰:"非礼也。敢对?"曰:"非礼也。敢辞?"卿馆于大夫,大夫馆于士,士馆于工商。管人为客,三日具沐,五日具浴。飧不致,宾不拜,沐浴而食之。卿,大夫讶。大夫,士讶。士,皆有讶。宾即馆,讶将公命,又见之以其挚。宾既将公事,复见之,以其挚。凡四器者,唯其所宝,以聘可也。宗人授次。次以帷。少退于君之次。上介执圭,如重,授宾。宾入门,皇;升堂,让;将授,志趋;授如争承,下如送;君还,而后退。下阶,发气,怡焉;再三举足,又趋。及门,正焉。执圭,入门,鞠躬焉,如恐失之。及享,发气焉,盈容。众介北面,跄焉。私觌,愉愉焉。出,如舒雁。皇,且行;入门主敬,升堂主慎。凡庭实,随入,左先,皮马相间,可也。宾之币,唯马出,其余皆东。多货,则伤于德。币美,则没礼。贿,在聘于贿。凡执玉,无藉者袭。礼,不拜至。醴尊于东箱,瓦大一,有丰。荐脯五胧,祭半胧横之。祭醴,再扱始扱一祭,卒再祭。主人之庭实,则主人遂以出,宾之士讶受之。既觌,宾若私献，奉献，将命。摈者入告，出礼辞。宾东面坐奠献，再拜稽首。摈者东面坐取献，举以入告，出礼请受。宾固辞，公答再拜。摈者立于阈外以相拜，宾辟。摈者授宰夫于中庭。若兄弟之国，则问夫人。若君不见，使大夫受。自下听命，自西阶升受，负右房而立。宾降亦降。不礼。币之所及，皆劳，不释服。赐饔，唯羹饪。筵一尸，若昭若穆。仆为祝，祝曰："孝孙某，孝子某，荐嘉礼于皇祖某甫、皇考某子。"如馈食之礼。假器于大夫。朌肉及度车。聘日致饔。明日，问大夫。夕，夫人归礼。既致饔，旬而稍，宰夫始归乘禽，日如其饔饩之数。士中日则二双。凡献，执一双，委其余于面。禽羞，俶献。比归大礼之日，既受饔饩，请观。讶帅之，自下门入。各以其爵，朝服。士无饔。无饔者无傧。大夫不敢辞，君初为之辞矣。凡致礼，皆用其飧之加笾豆。无饔者无飨礼。凡饩，大夫黍、粱、稷，筐五斛。既将公事，宾请归。凡宾拜于朝，讶听之。燕，则上介为宾，宾为苟敬。宰夫献。无行，则重贿反币。曰："子以君命在寡君，寡君拜君命之辱。君以社稷故，在寡小君，拜。君贶寡君，延及二三老，拜。"又拜送宾于馆堂楹间，释四皮束帛。宾不致，主人不拜。大夫来使，无罪，飧之；过，则饩之。其介为介。有大客后至，则先客不飧食，致之。唯大聘有几筵。十斗曰斛，十六斗曰籔，十籔曰秉，二百四十斗，四秉曰筥，十筥曰稯，十稯曰秅，四百秉为一秅。

公食大夫礼第九

公食大夫之礼。使大夫戒，各以其爵。上介出请，入告。三辞。宾出，拜辱。大夫不答拜，将命。宾再拜稽首。大夫还，宾不拜送，遂从之。宾朝服即位于大门外，如聘。

即位，具。羹定，甸人陈鼎七，当门，南面西上，设扃鼏，鼏若束若编。设洗如飨。小臣具槃匜，在东堂下。宰夫设筵，加席、几。无尊。饮酒、浆饮，俟于东房。凡宰夫之具，馔于东房。

公如宾服，迎宾于大门内。大夫纳宾。宾入门左，公再拜；宾辟，再拜稽首。公揖入，宾从。及庙门，公揖入。宾入，三揖。至于阶，三让。公升二等，宾升。大夫立于东夹南，西面北上。士立于门东，北面西上。小臣，东堂下，南面西上。宰，东夹北，西面南上。内官之士在宰东北，西面南上。介，门西，北面西上。公当楣北乡，至壹拜，宾降也，公再拜。宾，西阶东，北面答拜。摈者辞，拜也；公降一等。辞曰："寡君从子，虽将拜，兴也！"宾栗阶升，不拜，命之成拜，阶上北面再拜稽首。士举鼎，去鼏于外，次入。陈鼎于碑南，南面西上。右人抽扃，坐奠于鼎西南，顺出自鼎西，左人待载。雍人以俎入，陈于鼎南。旅人南面加匕于鼎，退。大人长盥洗东南，西面北上，序进盥。退者与进者交于前。卒盥，序进，南面匕。载者西面。鱼腊饪。载体进奏。鱼七，缩俎，寝右。肠、胃七，同俎。伦肤七。肠、胃、肤，皆横诸俎，垂之。大夫既匕，匕奠于鼎，逆退，复位。

公降盥，宾降，公辞。卒盥，公壹揖壹让。公升，宾升。宰夫自东房授醯酱，公设之。宾辞，北面坐迁而东迁所。公立于序内，西乡。宾立于阶西，疑立。宰夫自东房荐豆六，设于酱东，西上，韭菹，以东醓醢、昌本；昌本南麋臡以西菁菹、鹿臡。士设俎于豆南，西上，牛、羊、豕，鱼在牛西，腊、肠、胃亚之，肤以为特。旅人取匕，甸人举鼎，顺出，奠于其所。宰夫设黍、稷六簋于俎西，二以并，东北上。黍当牛俎，其西稷，错以终，南陈。大羹湆，不和，实于镫。宰右执镫，左执盖，由门入，升自阼阶，尽阶，不升堂，授公，以盖降，出，入反位。公设之于酱西，宾辞，坐迁之。宰夫设铏四于豆西，东上，牛以西羊，羊南豕豕以东牛。饮酒，实于觯，加于丰。宰夫右执觯，左执丰，进设于豆东。宰夫东面，坐启簋会，各却于其西。赞者负东房，南面，告具于公。

公再拜，揖食，宾降拜，公辞，宾升，再拜稽首。宾升席，坐取韭菹，以辩擩于醢，上豆之间祭。赞者东面坐取黍，实于左手，辩，又取稷，辩，反于右手，兴，以授宾，宾祭之。三牲之肺不离，赞者辩取之，壹以授宾。宾兴受，坐祭。挽手，扱上铏以柶，辩擩之，上铏之间祭。祭饮酒于上豆之间。鱼、腊、酱、湆不祭。

宰夫授公饭粱，公设之于湆西。宾北面辞，坐迁之。公与宾皆复初位。宰夫膳稻于粱西。士羞庶羞，皆有大、盖，执豆如宰。先者反之，由门入，升自西阶。先者一人升，设于稻南簋西，间容人。旁四列，西北上，䏑以东、臐、膮、牛炙。炙南醢以西，牛胾、醢、牛鲊，鲊南羊炙，以东羊胾、醢、豕炙，炙南醢，以西豕胾、芥酱、鱼脍。众人腾羞者尽阶、不升堂，授，以盖降，出。赞者负东房，告备于公。

赞升宾。宾坐席末，取粱，即稻，祭于酱湇间。赞者北面坐，辩取庶羞之大，兴，一以授宾。宾受，兼壹祭之。宾降拜，公辞。宾升，再拜稽首。公答再拜。

宾北面自间坐，左拥簠粱，右执湇，以降。公辞。宾西面坐奠于阶西，东面对，西面坐取之；栗阶升，北面反奠于其所；降辞公。公许，宾升，公揖退于箱。摈者退，负东塾而立。宾坐，遂卷加席，公不辞。宾三饭以湇酱。宰夫执觯浆饮与其丰以进。宾挽手，兴受。宰夫设其丰于稻西。庭实设。宾坐祭，遂饮，奠于丰上。

公受宰夫束帛以侑，西乡立。宾降筵，北面。摈者进相币。宾降辞币，升听命，降拜。公辞。宾升，再拜稽首，受币，当东楹，北面；退，西楹西，东面立。公壹拜，宾降也，公再拜。介逆出。

宾北面揖，执庭实以出。公降立。上介受宾币，从者讶受皮。

宾入门左，没霤，北面再拜稽首。公辞，揖让如初，升。宾再拜稽首，公答再拜。宾降辞公，如初。宾升，公揖退于箱。宾卒食会饭，三饮，不以酱湆。挩手，兴，北面坐，取粱与酱以降，西面坐奠于阶西，东面再拜稽首。公降，再拜。介逆出，宾出。公送于大门内，再拜。宾不顾。

有司卷三牲之俎，归于宾馆。鱼腊不与。

明日，宾朝服拜赐于朝，拜食与侑币，皆再拜稽首。讶听之。

上大夫八豆，八簋，六铏，九俎，鱼腊皆二俎；鱼，肠胃，伦肤，若九，若十有一，下大夫则若七，若九。庶羞，西东毋过四列。上大夫，庶羞二十，加于下大夫，以雉、兔、鹑、鴽。

若不亲食，使大夫各以其爵、朝服以侑币致之。豆实，实于瓮，陈于楹外，二以并，北陈。簋实，实于筐，陈于楹内、两楹间，

二以并，南陈。庶羞陈于碑内，庭实陈于碑外。牛、羊、豕陈于门内，西方，东上。宾朝服以受，如受飨礼。无傧。明日，宾朝服以拜赐于朝。讶听命。

大夫相食，亲戒速。迎宾于门外，拜至，皆如飧拜。降盥。受酱、湆、侑币——束锦也，皆自阼阶降堂受，授者升一等。宾止也。宾执粱与湆，之西序端。主人辞，宾反之。卷加席，主人辞，宾反之。辞币，降一等，主人从。受侑币，再拜稽首。主人送币，亦然。辞于主人，降一等，主人从。卒食，彻于西序端；东面再拜，降出。其他皆如公食大夫之礼。

若不亲食，则公作大夫朝服以侑币致之。宾受于堂。无傧。

记。不宿戒，戒不速。不授几。无阼席。亨于门外东方。司宫具几，与蒲筵常缁布纯，加萑席寻玄帛纯，皆卷自末。宰夫筵，出自东房。宾之乘车在大门外西方，北面立。铏芼，牛藿，羊苦，豕薇，皆有滑。赞者盥，从俎升。簠有盖幂。凡炙无酱。上大夫：蒲筵加萑席。其纯，皆如下大夫纯。卿傧由下。上赞，下大夫也。上大夫，庶羞。酒饮，浆饮，庶羞可也。拜食与侑币，皆再拜稽首。

觐礼第十

觐礼。至于郊，王使人皮弁用璧劳。侯氏亦皮弁迎于帷门之外，再拜。使者不答拜，遂执玉，三揖。至于阶，使者不让，先升。侯氏升听命，降，再拜稽首，遂升受玉。使者左还而立，侯氏还璧，使者受。侯氏降,再拜稽首,使者乃出。侯氏乃止使者,使者乃入。侯氏与之让升。侯氏先升,授几。侯氏拜送几;使者设几,答拜。侯氏用束帛、乘马儐使者,使者再拜受。侯氏再拜送币。使者降,以左骖出。侯氏送于门外,再拜。侯氏遂从之。

天子赐舍,曰:"伯父,女顺命于王所,赐伯父舍!"侯氏再拜稽首,儐之束帛、乘马。

天子使大夫戒,曰:"某日,伯父帅乃初事。"侯氏再拜稽首。

诸侯前朝,皆受舍于朝。同姓西面北上,异姓东面北上。

侯氏裨冕,释币于祢。乘墨车,载龙旂、弧韣乃朝以瑞玉,有缫。

天子设斧依于户牖之间,左右几。天子衮冕,负斧依。啬夫承命,告于天子。天子曰:"非他,伯父实来,予一人嘉之。伯父其入,予一人将受之。"侯氏入门右,坐奠圭,再拜稽首。儐者谒。侯氏坐取圭,升致命。王受之玉。侯氏降,阶东北面再拜稽首。儐者延之,曰:"升!"升成拜,乃出。

四享皆束帛加璧,庭实唯国所有。奉束帛,匹马卓上,九马随之,中庭西上,奠币,再拜稽首。儐者曰:"予一人将受之。"侯氏升,致命。王抚玉。侯氏降自西阶,东面授宰币,西阶前再拜稽首,以马出,授人,九马随之。事毕。乃右肉袒于庙门之东。乃入门右,北面立,告听事。儐者谒诸天子。天子辞于侯氏,曰:"伯父无事,归宁乃邦!"侯氏再拜稽首,出,自屏南适门西,遂入门左,北面立,王劳之。再拜稽首。儐者延之,曰:"升!"升成拜,降出。天子赐侯氏以车服。迎于外门外,再拜。路先设,西上,路下四,亚之,重赐无数,在车南。诸公奉箧服,加命书于其上，升自西阶，东面，大史是右。侯氏升，西面立。大史述命。侯氏降两阶之间；北面再拜稽首，升成拜。大史加书于服上，侯氏受。使者出。侯氏送，再拜，傧使者，诸公赐服者，束帛、四马，傧大史亦如之。

同姓大国则曰伯父，其异姓则曰伯舅。同姓小邦则曰叔父，其异姓小邦则曰叔舅。飨，礼，乃归。

诸侯觐于天子，为宫方三百步，四门，坛十有二寻、深四尺，加方明于其上。方明者，木也，方四尺，设六色，东方青，南方赤，西方白，北方黑，上玄，下黄。设六玉，上圭，下璧，南方璋，西方琥，北方璜，东方圭。上介皆奉其君之旃，置于宫，尚左。公、侯、伯、子、男，皆就其旂而立。四传摈。天子乘龙，载大旂，象日月、升龙、降龙；出，拜日于东门之外，反祀方明。礼日于南门外，礼月与四渎于北门外，礼山川丘陵于西门外。

祭天，燔柴。祭山、丘陵，升。祭川，沉。祭地，瘗。

记。几，俟于东箱。偏驾不入王门。奠圭于缫上。

丧服第十一

丧服，斩衰裳，苴绖杖，绞带，冠绳缨，菅屦者。诸侯为天子，君，父为长子，为人后者。妻为夫，妾为君，女子子在室为父，布总，箭笄，髽，衰，三年。子嫁，反在父之室，为父三年。公士、大夫之众臣，为其君布带、绳屦。疏衰裳齐，牡麻绖，冠布缨，削杖，布带，疏屦三年者，父卒则为母，继母如母，慈母如母，母为长子。

　　疏衰裳齐，牡麻绖，冠布缨，削杖，布带，疏屦，期者，父在为母，妻，出妻之子为母。出妻之子为父后者则为出母无服。父卒，继母嫁，从，为之服，报。不杖，麻屦者。祖父母，世父母，叔父母；大夫之適子为妻，昆弟；为众子，昆弟之子；大夫之庶子为適昆弟適孙。为人后者，为其父母，报。女子子适人者为其父母、昆弟之为父后者，继父同居者，为夫之君。姑、姊妹、女子子适人无主者，姑、姊妹报。为君之父、母、妻、长子、祖父母。妾为女君。妇为舅姑，夫之昆弟之子。公妾、大夫之妾为其子。女子子为祖父母。大夫之子为世父母、叔父母、子、昆弟、昆弟之子，姑、姊妹、女子子无主者，为大夫命妇者，唯子不报。大夫为祖父母、適孙为士者。公妾以及士妾为其父母。

　　疏衰裳齐，牡麻绖，无受者。寄公为所寓，丈夫、妇人为宗子、宗子之母、妻，为旧君、君之母、妻，庶人为国君；大夫在外，其妻、长子为旧国君；继父不同居者，曾祖父母，大夫为宗子，旧君。曾祖父母为士者如众人，女子子嫁者、未嫁者为曾祖父母。

　　大功布衰裳，牡麻绖，无受者：子、女子子之长殇、中殇，叔父之长殇、中殇，姑、姊妹之长殇、中殇，昆弟之长殇、中殇，夫之昆弟之子、女子子之长殇、中殇，適孙之长殇、中殇，大夫之庶子为適昆弟子之长殇、中殇，公子之长殇、中殇，大夫为適子之长殇、中殇。其长殇皆九月，缨绖；其中殇，七月，不缨绖。大功布衰裳，牡麻绖缨，布带，三月。受以小功衰，即葛，九月者：姑、姊妹、女子子适人者，从父昆弟；为人后者为其昆弟，庶子；

適妇,女子子适人者为众昆弟;侄丈夫妇人,报。夫之祖父母、世父母、叔父母,大夫为世父母、叔父母、子、昆弟、昆弟之子为士者;公之庶昆弟、大夫之庶子为母、妻、昆弟,皆为其从父昆弟之为大夫者;为夫之昆弟之妇人子适人者;大夫之妾为君之庶子;女子子嫁者、未嫁者,为世父母、叔父母、姑、姊妹,大夫、大夫之妻、大夫之子、公之昆弟为姑、姊妹、女子子嫁于大夫者,君为姑、姊妹、女子子嫁于国君者。

繐衰裳,牡麻绖,既葬除之者。诸侯之大夫为天子。

小功布衰裳,澡麻带绖,五月者。叔父之下殇,適孙之下殇,昆弟之下殇,大夫庶子为適昆弟之下殇,为姑、姊妹、女子子之下殇,为人后者为其昆弟、从父昆弟之长殇,为夫之叔父之长殇;昆弟之子、女子子、夫之昆弟之子、女子子之下殇;为侄、庶孙丈夫妇人之长殇;大夫、公之昆弟、大夫之子,为其昆弟、庶子、

姑、姊妹、女子子之长殇；大夫之妾为庶子之长殇。

小功布衰裳，牡麻绖，即葛，五月者。从祖祖父母，从祖父母，报；从祖昆弟，从父姊妹、孙适人者，为人后者为其姊妹适人者，为外祖父母；从母，丈夫妇人报；夫之姑、姊妹，娣、姒妇，报；大夫、大夫之子、公之昆弟为从父昆弟，庶孙，姑、姊妹、女子子适士者；大夫之妾为庶子适人者；庶妇；君母之父母、从母；君子子为庶母慈己者。

缌麻，三月者。族曾祖父母，族祖父母，族父母，族昆弟；庶孙之妇，庶孙之中殇；从祖姑、姊妹适人者，报；从祖父、从祖昆弟之长殇；外孙，从父昆弟侄之下殇，夫之叔父之中殇、下殇；从母之长殇，报；庶子为父后者，为其母；士为庶母；贵臣、贵妾；乳母，从祖昆弟之子，曾孙，父之姑，从母昆弟，甥，婿，妻之父母，姑之子，舅，舅之子；夫之姑姊妹之长殇；夫之诸祖父母，报；君母之昆弟；从父昆弟之子长殇，昆弟之孙之长殇，为夫之从父昆弟之妻。

记。公子为其母，练冠，麻，麻衣縓缘；为其妻，縓冠，葛绖，带，麻衣縓缘。皆既葬除之。大夫、公之昆弟，大夫之子，于兄弟降一等。为人后者，于兄弟降一等，报；于所为后之兄弟子、若子。兄弟皆在他邦，加一等。不及知父母，与兄弟居，加一等。朋友皆在他邦，袒免，归则已。朋友，麻。君之所为兄弟服，室老降一等。夫之所为兄弟服，妻降一等。庶子为后者，为其外祖父母、从母、舅，无服。不为后，如邦人。宗子孤为殇，大功衰，小功衰，皆三月。亲，则月算如邦人。改葬，缌。童子，唯当室緦。凡妾为私兄弟，如邦人。大夫吊于命妇，锡衰。命妇吊于大夫，亦锡衰。女子子适人者为其父母，妇为舅姑，恶笄有首以髽。卒哭，子折笄首以笄，布总。

妾为女君、君之长子，恶笄有首，布总。凡衰，外削幅；裳，内削幅，幅三袍。若齐，裳内，衰外。负，广出于适寸。适，博四寸，出于衰。衰，长六寸，博四寸。衣带，下尺。衽，二尺有五寸。袂，属幅。衣，二尺有二寸。祛，尺二寸。衰三升，三升有半。其冠六升。以其冠为受，受冠七升。齐衰四升，其冠七升。以其冠为受，受冠八升。緦衰四升有半，其冠八升。大功八升，若九升。小功十升，若十一升。

士丧礼第十二

士丧礼。死于适室，幠用敛衾。复者一人以爵弁服，簪裳于衣，左何之，扱领于带；升自前东荣、中屋，北面招以衣，曰："皋某复！"三，降衣于前。受用箧，升自阼阶，以衣尸。复者降自后西荣。

楔齿用角柶。缀足用燕几。奠脯醢、醴酒。升自阼阶，奠于尸东。帷堂。乃赴于君。主人西阶东，南面，命赴者，拜送。有宾，则拜之。

入，坐于床东。众主人在其后，西面。妇人侠床，东面。亲者在室。众妇人户外北面，众兄弟堂下北面。

君使人吊。彻帷。主人迎于寝门外，见宾不哭，先入，门右北面。吊者入，升自西阶，东面。主人进中庭，吊者致命。主人哭，拜稽颡，成踊。宾出，主人拜送于外门外。

君使人襚。彻帷。主人如初。襚者左执领，右执要，入，升致命。主人拜如初。襚者入衣尸，出。主人拜送如初。唯君命，出，升降自西阶。遂拜宾，有大夫则特拜之。即位于西阶下，东面，不踊。大夫虽不辞，入也。

亲若襚，不将命，以即陈。庶兄弟襚，使人以将命于室，主人拜于位，委衣于尸东床上。朋友襚，亲以进，主人拜，委衣如初，退，哭，不踊。彻衣者，执衣如襚，以适房。

为铭，各以其物。亡，则以缁长半幅，<赤至>末长终幅，广三寸。书铭于末，曰："某氏某之柩。"竹杠长三尺，置于宇西阶上。

甸人掘坎于阶间，少西。为垼于西墙下，东乡。新盆，槃，瓶，废敦，重鬲，皆濯，造于西阶下。

陈袭事于房中，西领，南上，不綪。明衣裳，用布。<髟会>笄用桑，长四寸，纮中。布巾，环幅，不凿。掩，练帛广终幅，长五尺，析其末。瑱，用白纩。幎目，用缁，方尺二寸，<赤至>里，著，组系。握手，用玄，纁里，长尺二寸，广五寸，牢中旁

寸，著，组系。决，用正王棘，若檡棘，组系，纩极二。冒，缁质，长与手齐，<赤至>杀，掩足。爵弁服、纯衣、皮弁服、褖衣、缁带、韎韐、竹笏。夏葛屦，冬白屦，皆繶缁絇纯，组綦系于踵。庶襚继陈，不用。

贝三，实于笄。稻米一豆，实于筐。沐巾一，浴巾二，皆用绤，于笄。栉，于箪。浴衣，于箧。皆馔于西序下，南上。

管人汲，不说繘，屈之。祝淅米于堂，南面，用盆。管人尽阶，不升堂，受潘，煮于垼，用重鬲。祝盛米于敦，奠于贝北。士有冰，用夷槃可也。外御受沐入。主人皆出，户外北面。乃沐，栉，挋用巾，浴，用巾，挋用浴衣。澡濯弃于坎。蚤，揃如他日。<髟会>用组，乃笄，设明衣裳。主人入，即位。商祝袭祭服，褖衣次。主人出，南面，左袒，扱诸面之右，盥于盆上，洗贝，执以入。宰洗柶，建于米，执以从。商祝执巾从入，当牖北面，彻枕，设巾，彻楔，受贝，奠于尸西。主人由足西，床上坐，东面。祝又受米，奠于贝北。宰从立于床西，在右。主人左扱米，实于右，三，实一贝。左、中亦如之。又实米，唯盈。主人袭，反位。

商祝掩，瑱，设幎目，乃屦，綦结于跗，连絇。乃袭，三称。明衣不在算。设韐、带，搢笏。设决，丽于腕，自饭持之，设握，乃连腕。设冒，橐之，幠用衾。巾、柶、鬠、蚤埋于坎。重木，刊凿之。甸人置重于中庭，三分庭，一在南。夏祝鬻余饭，用二鬲于西墙下。幂用疏布，久之，系用靲，县于重，幂用苇席，北面，左衽，带用靲，贺之，结于后。祝取铭置于重。

厥明，陈衣于房，南领，西上，绪，绞横三缩一，广终幅，析其末。缁衾，赦里，无紞。祭服次，散衣次，凡十有九称，陈衣继之，不必尽用。馔于东堂下，脯醢醴酒。冪奠用功布，实于篚，在馔东。设盆盥于馔东，有巾。

苴绖，大鬲，下本在左，要经小焉；散带垂，长三尺。牡麻绖，右本在上，亦散带垂。皆馔于东方。妇人之带，牡麻结本，在房。

床笫，夷衾，馔于西坫南。西方盥，如东方。

陈一鼎于寝门外，当东塾，少南，西面。其实特豚，四鬄，去蹄，两胉，脊、肺。设扃鼏，鼏西末。素俎在鼎西，西顺，覆匕，东柄。

士盥，二人以并，东面立于西阶下。布席于户内，下莞上簟。商祝布绞衾、散衣、祭服。祭服不倒，美者在中。士举迁尸，反位。设床笫于两楹之间，衽如初，有枕。卒敛，彻帷。主人西面冯尸，踊无算；主妇东面冯，亦如之。主人髺发，袒，众主人免于房。妇人髽于室。士举，男女奉尸，侇于堂，幠无夷衾。男女如室位，踊无算。主人出于足，降自西阶。众主人东即位。妇人阼阶上西面。主人拜宾，大夫特拜，士旅之，即位踊，袭绖于序东，复位。乃奠。举者盥，右执匕，却之，左执俎，横摄之，入，阼阶前西面错，错俎北面。右人左执匕，抽扃予左手，兼执之，取鼏，委于鼎北，加扃，不坐。乃朼，载。载两髀于两端，两肩亚，两胉亚，脊、肺在于中，皆覆。进柢，执而俟。夏祝及执事盥，执醴先，酒、脯、醢、俎从，升自阼阶。丈夫踊。甸人彻鼎，巾待于阼阶下。奠于尸东，执醴酒，北面西上。豆错，俎错于豆东。立于俎北，西上。醴酒错于豆南。祝受巾，巾之，由足降自西阶。妇人踊。奠者由重南，东。丈夫踊。宾出，主人拜送于门外。

乃代哭，不以官。

有襚者，则将命，摈者出请，入告。主人待于位。摈者出，告须，以宾入。宾入中庭，北面致命。主人拜稽颡。宾升自西阶，出于足，西面委衣如于室礼，降，出。主人出，拜送。朋友亲襚，如初仪，西阶东，北面哭，踊三，降，主人不踊。襚者以褶，则必有裳，执衣如初。彻衣者亦如之，升，降自西阶，以东。

宵，为燎于中庭。厥明，灭燎。陈衣于房，南领，西上，绪。绞紟，衾二。君襚，祭服，散衣，庶襚，凡三十称，紟不在算。不必尽用。东方之馔，两瓦甒，其实醴酒，角觯，木柶；毼豆两，其实葵菹芋、蠃醢，两笾，无滕，布巾，其实栗，不择，脯四脡。奠席在馔北，敛席在其东。掘肂见衽。棺入，主人不哭。升棺用轴，盖在下。熬黍稷各二筐，有鱼腊，馔于西坫南。陈三鼎于门外，北上。豚合升，鱼鱄鲋九，腊左胖，髀不升，其他皆如初。烛俟于馔东。

祝、彻、盥于门外，入，升自阼阶，丈夫踊。祝彻巾，授执事者以待。彻馔，先取醴酒，北面。其余取先设者，出于足，降自西阶，妇人踊。设于序西南，当西荣，如设于堂。醴酒位如初，执事豆北，南面东上。乃适馔。

帷堂。妇人尸西东面。主人及亲者升自西阶，出于足，西面袒。士盥位如初。布席如初。商祝布绞、紟、衾、衣，美者在外，君襚不倒。有大夫，则告。士举迁尸，复位。主人踊无算。卒敛，彻帷。主人冯如初，主妇亦如之。主人奉尸敛于棺，踊如初，乃盖。主人降，拜大夫之后至者，北面视肂。众主人复位。妇人东复位。设熬，旁一筐，乃涂。踊无算。卒涂，祝取铭置于肂。主人复闪位，踊，袭。

乃奠。烛升自阼阶，祝执巾，席从，设于奥，东面。祝反降，及执事执馔。士盥，举鼎入，西面北上，如初。载，鱼左首，进鬐，三列，腊进柢。祝执醴如初，酒、豆、笾、俎从，升自阼阶，丈夫踊。甸人彻鼎。奠由楹内入于室。醴酒北面。设豆，右菹，菹南栗，栗东脯。豚当豆。鱼次腊特于俎北，醴酒在笾南。巾如初。既错者出，立于户西，西上。祝后，阖户，先由楹西，降自西阶，妇人踊。奠者由重南东，丈夫踊。

宾出，妇人踊，主人拜送于门外，入，及兄弟北面哭殡。兄弟出，主人拜送于门外。众主人出门，哭止，皆西面于东方。阖户。主人揖，就次。君若有赐焉，则视敛。既布衣，君至，主人出迎于外门外，见马首，不哭，还，入门右，北面，及众主人袒。巫止于庙门外，祝代之。小臣二人执戈先，二人后。君释采，入门，主人辟。君升自阼阶，西乡。祝负墉，南面，主人中庭。君哭。主人哭，拜稽颡，成踊，出。君命反行事，主人复位。君升主人，主人西楹东，北面。升公卿大夫，继主人，东上。乃敛。卒，公卿大夫逆降，复位。主人降，出。君反主人，主人中庭。君坐抚，当心。主人拜稽颡，成踊，出。君反之，复初位。众主人辟于东壁，南面。君降，西乡，命主人冯尸。主人升自西阶，由足，西面冯尸，不当君所，踊。主妇东面冯，亦如之。奉尸敛于棺，乃盖，主人降，出。君反之，入门左，视涂。君升即位，众主人复位，卒涂，主人出，君命之反奠。入门右，乃奠，升自西阶。君要节而踊，主人从踊。卒奠，主人出，哭者止。君出门，庙中哭。主人不哭，辟。君式之。贰车毕乘，主人哭，拜送。袭，入即位，众主人袭，拜大夫之后至者，成踊。宾出，主人拜送。

三日，成服，杖，拜君命及众宾。不拜棺中之赐。

朝夕哭，不辟子卯。妇人即位于堂，南上，哭。丈夫即位于门外，西面北上；外兄弟在其南，南上；宾继之，北上。门东，北面西上；门西，北面东上；西方，东面北上。主人即位，辟门。妇人拊心，不哭。主人拜宾，旁三，右还，入门，哭。妇人踊。主人堂下，直东序，西面。兄弟皆即位，如外位。卿大夫在主人之南。诸公门东，少进。他国之异爵者门西，少进。敌，则先拜他国之宾。凡异爵者，拜诸其位。彻者盥于门外，烛先入，升自阼阶。丈夫踊。祝取醴，北面；取酒，立于其东；取豆、笾、俎，南面西上。祝先出，酒、豆、笾、俎序从，降自西阶。妇人踊。设于序西南，直西荣。醴酒北面西上，豆西面，错。立于豆北，南面。笾、俎既错，立于执豆之西，东上。酒错，复位，醴错于西，遂先，由主人之北适馔。乃奠，醴、酒、脯、醢升。丈夫踊，入。如初设，不巾。错者出，立于户西，西上。

灭烛，出。祝阖门，先降自西阶。妇人踊。奠者由重南，东。丈夫踊。宾出，妇人踊，主人拜送。众主人出，妇人踊。出门，哭止。皆复位。阖门。主人卒拜送宾，揖众主人，乃就次。

朔月，奠用特豚、鱼腊，陈三鼎如初。东方之馔亦如之。无笾，有黍稷。用瓦敦，有盖，当笾位。主人拜宾，如朝夕哭。卒彻，举鼎入，升，皆如初奠之仪。卒朼，释匕于鼎，俎行。朼者逆出，甸人彻鼎。其序，醴酒、菹醢、黍稷、俎。其设于室、豆错，俎错，腊特，黍稷当笾位。敦启会，却诸其南。醴酒位如初。祝与执豆者巾，乃出。主人要节而踊，皆如朝夕哭之仪。月半不殷奠。有荐新，如朔奠。彻朔莫，先取醴酒，其余取先设者。敦启会，面足。序出，如入。其设于外，如于室。

筮宅，冢人营之。掘四隅，外其壤。掘中，南其壤。既朝哭，主人皆往，兆南北面，免绖。命筮者在主人之右。筮者东面，抽上韇，兼执之，南面受命。命曰："哀子某，为其父某甫筮宅。度兹幽宅，兆基无有后艰？"筮人许诺，不述命，右还，北面，指中封而筮。卦者在左。卒筮，执卦以示命筮者。命筮者受视，反之，东面。旅占，卒，进告于命筮者与主人："占之曰从。"主人绖，哭，不踊。若不从，筮择如初仪。归，殡前北面哭，不踊。

既井椁，主人西面拜工，左还椁，反位，哭，不踊。妇人哭于堂。献材于殡门外，西面北上，綪。主人遍视之，如哭椁。献素、献成亦如之。

卜日，既朝哭，皆复外位。卜人先奠龟于西塾上，南首，有席。楚焞置于燋，在龟东。族长莅卜，及宗人吉服立于门西，东面南上。占者三人在其南，北上。卜人及执燋、席者在塾西。阖东扉，主妇立于其内。席于阑西阈外。宗人告事具。主人北面，免绖，左拥之。莅卜即位于门东，西面。卜人抱龟燋，先奠龟，西首，燋在北。宗人受卜人龟，示高。莅卜受视，反之。宗人还，少退，受命。命曰："哀子某，来日某，卜葬其父某甫。考降，无有近悔？"许诺，不述命；还即席，西面坐；命龟，兴；授卜人龟，负东扉。卜人坐，作龟，兴。宗人受龟，示莅卜。莅卜受视，反之。宗人退，东面。乃旅占，卒，不释龟，告于莅卜与主人："占曰某日从。"授卜人龟。告于主妇，主妇哭。告于异爵者。使人告于众宾。卜人彻龟。宗人告事毕。主人绖，入，哭，如筮宅。宾出，拜送，若不从，卜宅如初仪。

既夕礼第十三

既夕哭，请启期，告于宾。夙兴，设盥于祖庙门外。陈鼎皆如殡，东方之馔亦如之。夷床馔于阶间。二烛俟于殡门外。丈夫髽，散带垂，即位如初。妇人不哭。主人拜宾，入，即位，袒。商祝免袒，执功布入，升自西阶，尽阶，不升堂。声三，启三，命哭。烛入。祝降，与夏祝交于阶下。取铭置于重。踊无算。商祝拂柩用功布，幠用夷衾。

迁于祖，用轴。重先，奠从，烛从，柩从，烛从，主人从。升自西阶。奠俟于下，东面北上。主人从升，妇人升，东面。众人东即位。正柩于两楹间，用夷床。主人柩东，西面。置重如初。席升设于柩西。奠设如初，巾之，升降自西阶。主人踊无算，降，拜宾，即位，踊，袭。主妇及亲者由足，西面。

荐车，直东荣，北辀。质明，灭烛。彻者升自阼阶，降自西阶。乃奠如初，升降自西阶。主人要节而踊。荐马，缨三就，入门，北面，交辔，圉人夹牵之。御者执策立于马后。哭成踊，右还，出。宾出，主人送于门外。

有司请祖期。曰："日侧。"主人入，袒。乃载，踊无算。卒束。袭。降奠，当前束。商祝饰柩，一池，纽前<赤巠>后缁，齐三采，无贝。设披。属引。陈明器于乘车之西。折，横覆之。抗木，横三，缩二。加抗席三。加茵，用疏布，缁翦，有幅，亦缩二横三。器西南上，綪。茵。苞二。筲三，黍，稷，麦。甕三，醯，醢，屑。幂用疏布。甒二，醴，酒。幂用功布。皆木桁，久之。用器：

弓矢，末耒耜，两敦，两杆，槃，匜。匜实于槃中，南流。无祭器。有燕乐器可也。役器，甲，胄，干，笮。燕器，杖，笠，翣。

彻奠，巾席俟于西方。主人要节而踊，袒。商祝御柩，乃祖。踊，袭，少南，当前束。妇人降，即位于阶间。袒，还车不还器。祝取铭，置于茵。二人还重，左还。布席，乃奠如初，主人要节而踊。荐马如初。宾出。主人送，有司请葬期。入，复位。

公赠玄纁束，马两。摈者出请，入告。主人释杖，迎于庙门外，不哭。先入门右，北面，及众主人袒。马入设。宾奉币，由马西当前辂，北面致命。主人哭，拜稽颡，成踊。宾奠币于栈左服，出。宰由主人之北，举币以东。士受马以出。主人送于外门外，拜，袭，入复位，杖。

宾赗者将命，摈者出请，入告，出告须。马入设，宾奉币。摈者先入，宾从，致命如初。主人拜于位，不踊。宾奠币如初，举币、受马如初。摈者出请。若奠，入告，出，以宾入，将命如初。士受羊，如受马。又请。若赗，入告。主人出门左，西面。宾东面将命，主人拜，宾坐委之；宰由主人之北，东面举之，反伐。若无器，则捂受之。又请，宾告事毕，拜送入。赠者将命，摈者出请，纳宾如初。宾奠币如初。若就器，则坐奠于陈。凡将礼，必请而后拜送。兄弟，赠、奠可也。所知，则赗而不奠。知死者赠，知生者赗。书赗于方，若九，若七，若五。书遣于策。乃代哭，如初。宵，为燎于门内之右。

厥明，陈鼎五于门外，如初。其实。羊左胖，髀不升，肠五，胃五，离肺。豕亦如之，豚解，无肠胃。鱼、腊、鲜兽，皆如初。

东方之馔：四豆，脾析，蜱醢，葵菹，蠃醢；四笾，枣，糗，栗，脯；醴，酒。陈器。灭燎。执烛，侠辂，北面。宾入者，拜之。彻者入，丈夫踊。设于西北，妇人踊。彻者东，鼎入，乃奠。豆南上，綪。笾，蠃醢南，北上，綪。俎二以成，南上，不綪。特鲜兽。醴、酒在笾西，北上。奠者出，主人要节而踊。

甸人抗重。出自道，道左倚之。荐马，马出自道，车各从其马，驾于门外，西面而俟，南上。彻者入，踊如初。彻巾，苞牲，取下体。不以鱼腊。行器，茵、苞、器序从，车从。彻者出。踊如初。

主人之史请读赗，执算从。柩东，当前束，西面。不命毋哭，哭者相止也。唯主人主妇哭。烛在右，南面。读书，释算则坐。卒，命哭，灭烛，书与算执之以逆出。公史自西方，东面，命毋哭，主人、主妇皆不哭。读遣，卒，命哭，灭烛，出。

商祝执功布以御柩。执披。主人袒。乃行。踊无算。出宫，踊，袭。至于邦门，公使宰夫赠玄𫄸束。主人去杖，不哭，由左听命。宾由右致命。主人哭，拜稽颡。宾升，实币于盖，降。主人拜送，复位，杖。乃行。

至于圹。陈器于道东西，北上。茵先入。属引。主人袒。众主人西面，北上。妇人东面。皆不哭。乃窆。主人哭，踊无算。袭，赠用制币，玄𫄸束，拜稽颡，踊如初。卒，袒，拜宾。主妇亦拜宾；即位，拾踊三，袭。宾出，则拜送。藏器于旁，加见。藏苞筲于旁。加折，却之。加抗席，覆之。加抗木。实土三。主人拜乡人。即位，踊，袭，如初。

乃反哭，入，升自西阶，东面。众主人堂下东面，北上。妇人入，大夫踊，升自阼阶。主妇人于室，踊，出即位，及丈夫拾踊，三。宾吊者升自西阶，曰："如之何！"主人拜稽颡。宾降，出。主人送于门外，拜稽颡。遂适殡宫，皆如启位，拾踊三。兄弟出，主人拜送。众主人出门，哭止，阖门。主人揖众主人，乃就次。

犹朝夕哭，不奠。三虞。卒哭。明日，以其班祔。

记。士处适寝，寝东首于北墉下。有疾，疾者齐。养者皆齐，彻琴瑟。疾病，外内皆扫。彻亵衣，加新衣。御者四人，皆坐持体。属纩，以俟绝气。男子不绝于妇人之手，妇人不绝于男子之手。乃行祷于五祀。乃卒。主人啼，兄弟哭。设床第，当牖。衽，下莞上簟，设枕。迁尸。复者朝服，左执领，右执要，招而左。楔，貌如轭，上两末。缀足用燕几，校在南，御者坐持之。即床而奠，当腢，用吉器。若醴，若酒，无巾柶。赴曰："君之臣某死。"赴母、妻、长子，则曰："君之臣某之某死。"室中，唯主人、主妇坐。兄弟有命夫命妇在焉，亦坐。尸在室，有君命，众主人不出。襚者委衣于床，不坐。其襚于室，户西北面致命。夏祝淅米，差盛之。御者四人，抗衾而浴，襢第。其母之丧，则内御者浴，鬠无笄。设明衣，妇人则设中带。卒洗，贝反于笲，实贝，柱右颤左颤塞耳。掘坎，南顺，广尺，轮二尺，深三尺；南其壤。垼，用块。明衣裳，用幕布，袂属幅，长下膝。有前后裳，不辟，长及觳。線綼緆。緇纯。

设握，里亲肤，系钩中指，结于腕。甸人筑坅坎。隶人涅厕。既袭，宵为燎于中庭。厥明，灭燎，陈衣。凡绞紟用布，伦如朝服。设棜于东堂下，南顺，齐于坫。馔于其上两甒醴、酒，酒在南。篚在东，南顺，实角觯四，木柶二，素勺二。豆在甒北，二以并，笾亦如之。凡笾豆，实具设，皆巾之。觯，俟时而酌，柶覆加之，面枋；及错，建之。小敛，辟奠不出室。无踊节。既冯尸，主人袒，髺发，绞带；众主人布带。大敛于阼。大夫升自西阶，阶东，北面东上。既冯尸，大夫逆降，复位。巾奠，执烛者灭烛出，降自阼阶，由主人之北，东。既殡，主人说髦。三日绞垂。冠六升，外縪，缨条属，厌。衰三升。履外纳。杖下本，竹桐一也。居倚庐，寝苫枕块。不说绖带。哭昼夜无时。非丧事不言。歠粥，朝一溢米，夕一溢米。不食菜果。主人乘恶车，白狗幦，蒲蔽，御以蒲菆，犬服，木錧，约绥，约辔，木镳，马不齐髦。主妇之车亦如之，疏布裧。贰车，白狗摄服，其他皆如乘车。

朔月，童子执帚，却之，左手奉之，从彻者而入。比奠，举席，扫室，聚诸{宀交}，布席如初。卒奠，扫者执帚，垂末内鬣，从执烛者而东。燕养、馈羞、汤沐之馔，如他日。朔月若荐新，则不馈于下室。筮宅，冢人物土。卜日吉，吉从于主妇；主妇哭，妇人皆哭；主妇升堂，哭者皆止。启之昕，外内不哭。夷床，輁轴，馔于西阶东。其二庙，则馔于祢庙，如小敛奠；乃启。朝于祢庙，重止于门外之西，东面。柩入，升自西阶。正柩于两楹间。奠止于西阶之下，东面北上。主人升，柩东，西面。众主人东即位，妇人从升，东面。奠升，设于柩西，升降自西阶，主人要节而踊。

烛先入者，升堂，东楹之南，西面；后入者，西阶东，北面，在下。主人降，即位。彻，乃奠，开降自西阶，主人踊如初。祝及执事举奠，巾席从而降，柩从、序从如初适祖。荐乘车，鹿浅带，干、笮、革鞾，载旞，载皮弁服，缨、辔、贝勒县于衡。道车，载朝服。稿车，载蓑笠。将载，祝及执事举奠，户西，南面东上。卒束前而降，奠席于柩西。巾奠，乃墙。抗木，刊。茵著，用茶，实绥泽焉。苇苞，长三尺，一编。菅筲三，其实皆瀹。祖，还车不易位。执披者，旁四人。凡赠币，无常。凡糗，不煎。唯君命，止柩于堩，其余则否。车至道左，北面立，东上。柩至于圹，敛服载之。卒窆而归，不驱。君视敛，若不待奠，加盖而出；不视敛，则加盖而至，卒事。既正柩，宾出，遂、匠纳车于阶间。祝馔祖奠于主人之南，当前辂，北上，巾之。弓矢之新，沽功。有弣饰焉，亦张可也。有柲。设依挞焉。有韣。猴矢一乘，骨镞，短卫。志矢一乘，轩輖中，亦短卫。

士虞礼第十四

士虞礼。特豕馈食，侧亨于庙门外之右，东面。鱼腊爨亚之，北上。饎爨在东壁，西面。设洗于西阶西南，水在洗西，篚在东。尊于室中北墉下，当户，两甒醴、酒，酒在东。无禁，幂用絺布，加勺，南枋。素几，苇席，在西序下。苴刌茅，长五寸，束之，实于篚，馔于西坫上。馔两豆菹、醢于西楹之东，醢在西，一铏亚之。从献豆两亚之，四笾亚之，北上。馔黍稷二敦于阶间，西上，藉用苇席。匜水错于槃中，南流，在西阶之南，箪巾在其东。陈三鼎于门外之右，北面，北上，设扃鼏。匕俎在西塾之西。羞燔俎在内西塾上，南顺。

　　主人及兄弟如葬服，宾执事者如吊服，皆即位于门外，如朝夕临位。妇人及内兄弟服、即位于堂，亦如之。祝免，澡葛绖带，布席于室中，东面，右几，降，出，及宗人即位于门西，东面南上。宗人告有司具，遂请拜宾。如临，入门哭，妇人哭。主人即位于堂，众主人及兄弟、宾即位于西方，如反哭位。祝入门，左，北面。宗人西阶前北面。

　　祝盥，升，取苴降，洗之，升，入设于几东席上，东缩，降，洗觯，升，止哭。主人倚杖，入。祝从，在左，西面。赞荐菹醢，醢在北。佐食及执事盥，出举，长在左。鼎入，设于西阶前，东

面北上。匕俎从设。左人抽肩、鼏、匕，佐食及右人载。卒，朼者逆退复位。俎入，设于豆东，鱼亚之，腊特。赞设二敦于俎南，黍，其东稷。设一铏于豆南。佐食出，立于户西。赞者彻鼎。祝酌醴，命佐食启会。佐食许诺，启会，却于敦南，复位。祝奠觯于铏南。复位。主人再拜稽首。祝飨，命佐食祭。佐食许诺，钩袒，取黍稷，祭于苴三，取肤祭，祭如初。祝取奠觯，祭，亦如之；不尽，益，反奠之。主人再拜稽首。祝祝卒，主人拜如初，哭，出复位。

祝迎尸，一人衰绖，奉篚，哭从尸。尸入门，丈夫踊，妇人踊。淳尸盥，宗人授巾。尸及阶，祝延尸。尸升，宗人诏踊如初。尸入户，踊如初，哭止。妇人入于房。主人及祝拜妥尸。尸拜，遂坐。

从者错篚于尸左席上，立于其北。尸取奠，左执之，取菹，擩于醢，祭于豆间。祝命佐食堕祭。佐食取黍稷肺祭，授尸，尸祭之。祭奠，祝祝，主人拜如初。尸尝醴，奠之。佐食举肺脊授尸。尸受，振祭，嚌之，左手执之。祝命佐食迩敦。佐食举黍，错于席上。尸祭铏，尝铏，泰羹湆自门入，设于铏南；胾四豆，设于左。尸饭，播余于篚。三饭，佐食举干；尸受，振祭，嚌之，实于篚。又三饭。举胳，祭如初。佐食举鱼腊，实于篚。又三饭，举肩，祭如初。举鱼腊俎，俎释三个。尸卒食。佐食受肺脊，实于篚。反黍如初设。

主人洗废爵，酌酒酳尸。尸拜受爵，主人北面答拜。尸祭酒，尝之。宾长以肝从，实于俎，缩，右盐。尸左执爵，右取肝，擩盐，振祭，嚌之，加于俎。宾降，反俎于西塾，复位。尸卒爵，祝受，不相爵。主人拜，尸答拜。祝酌授尸，尸以醋主人，主人拜受爵，尸答拜。主人坐祭，卒爵，拜，尸答拜。筵祝，南面。主人献祝，祝拜，坐受爵，主人答拜。荐菹醢，设俎。祝左执爵，祭荐，奠爵，兴，取肺，坐祭，哜之，兴；加于俎，祭酒，尝之。肝从。祝取肝擩盐，振祭，哜之，加于俎，卒爵，拜。主人答拜。祝坐授主人。主人酌献佐食，佐食北面拜，坐受爵，主人答拜。佐食祭酒，卒爵，拜。主人答拜，受爵，出，实于篚，升堂复位。

主妇洗足爵于房中，酌，亚献尸，如主人仪。自反两笾枣、栗，设于会南，枣在西。尸祭笾，祭酒，如初。宾以燔从，如初。尸祭燔，卒爵，如初。酌献祝，笾、燔从，献佐食，皆如初。以虚爵入于房。

宾长洗繶爵，三献，燔从，如初仪。

妇人复位。祝出户，西面告利成。主人哭，皆哭。祝入，尸谡。从者奉篚哭，如初。祝前尸。出户，踊如初；降堂，踊如初；出门亦如之。

祝反，入彻，设于西北隅，如其设也。几在南，厞用席。祝荐席彻入于房。祝自执其俎出。赞阖牖户。

主人降，宾出。主人出门，哭止，皆复位。宗人告事毕。宾出，主人送，拜稽颡。

记。虞，沐浴，不栉。陈牲于庙门外，北首，西上，寝右。日中而行事。杀于庙门西，主人不视。豚解。羹饪，升左肩、臂、臑、肫、胳、脊、胁，离肺。肤祭三，取诸左胁上，肺祭一，实于上鼎；升鱼鱄鲋九，实于中鼎；升腊，左胖，髀不升，实于下鼎。皆设扃鼏，陈之。载犹进柢，鱼进鬐。祝俎，髀、脰、脊、胁，离肺，陈于阶间，敦东。淳尸盥。执槃，西面。执匜，东面。执巾在其北，东面。宗人授巾，南面。主人在室，则宗人升，户外北面。佐食无事，则出户，负依南面。鉶芼用苦，若薇，有滑。夏用葵，冬用苣，有枘。豆实，葵菹，菹以西，蠃醢。笾，枣烝，栗择。尸入，祝从尸。尸坐不说屦。尸谡。祝前，乡尸；还，出户，又乡尸；还，过主人，又乡尸；还，降阶，又乡尸；降阶，还，及门，如出户。尸出，祝反，入门左，北面复位，然后宗人诏降。尸服卒者之上服。男，男尸，女，女尸；必使异姓，不使贱者。无尸，则礼及荐馔皆如初。既缋，祭于苴，祝祝卒，不绥祭，无泰羹湆、胾、从献。主人哭，出复位。祝阖牖户，降，复位于门西；男女拾踊三；如食间。祝升，止哭；声三，启户。主人入，祝从，启牖、乡，如初。主人哭，出复位。卒彻，祝、佐食降，复位。宗人诏降如初。始虞用柔日，曰："哀子某，哀显相，夙兴夜处不宁。敢用絜牲、刚鬣、香合、嘉荐、普淖、明齐溲酒，哀荐祫事，适尔皇祖某甫。飨！"再虞，皆如初，曰"哀荐虞事"。三虞、卒哭、他，用刚日，亦如初，曰"哀荐成事"。献毕，未彻，乃饯。尊两甒于庙门外之右，少南。水尊在酒西，勺北枋。洗在尊东南，水在洗东，篚在西。馔笾豆，脯四脡。有干肉折俎，二尹缩，祭半尹，在西塾。尸出，执几从，席从。尸出门右，南面。席设于尊西北，东面。几在南。宾出，复位。主人出，即位于门东，少南；妇人出，即位于主人之北；皆西南，哭不止。尸即席坐。唯主人不哭，洗废爵，酌献尸，尸拜受。主人拜送，哭，复位。荐脯醢，设俎于荐东，胸在南。尸左执爵，取脯擩醢，祭之。佐食授啐。尸受，振祭，啐，反之。

祭酒，卒爵，奠于南方。主人及兄弟踊，妇人亦如之。主妇洗足爵，亚献如主人仪，妇人，踊如初。宾长洗繶爵，三献，如亚献，踊如初。佐食取俎，实于篚。尸谡，从者奉篚，哭从之。祝前，哭者皆从，及大门内，踊如初。尸出门，哭者止。宾出，主人送，拜稽颡。主妇亦拜宾。丈夫说绖带于庙门外。入彻，主人不与。妇人说首绖，不说带。无尸，则不馈。犹出，几席设如初，拾踊三。哭止，告事毕，宾出。死三日而殡，三月而葬，遂卒哭。将旦而祔，则荐。卒辞曰："哀子某，来日某，隮祔尔于尔皇祖某甫。尚飨！"女子，曰"皇祖妣某氏。"妇，曰"孙妇于皇祖姑某氏"。其他辞，一也。飨辞曰："哀子某，主为而哀荐之飨！"明日，以其班祔。沐浴，栉，搔翦。用专肤为折俎，取诸脰膉。其他如馈食。用嗣尸。曰："孝子某，孝显相，夙兴夜处，小心畏忌。不惰其身，不宁。用尹祭、嘉荐、普淖、普荐、溲酒，适尔皇祖某甫，以隮祔尔孙某甫。尚飨。"期而小祥，曰："荐此常事。"又期而大祥，曰："荐此祥事。"中月而禫。是月也。吉祭，犹未配。

特牲馈食礼第十五

特牲馈食之礼。不诹日。及筮日，主人冠端玄，即位于门外，西面。子姓兄弟如主人之服，立于主人之南，西面北上。有司群执事，如兄弟服，东面北上。席于门中，闑西阈外。筮人取筮于西塾，执之，东面受命主人。宰自主人之左赞命，命曰："孝孙某，筮来日某，诹此某事，适其皇祖某子。尚飨！"筮者许诺，还，即席，西面坐。卦者在左。卒筮，写卦。筮者执以示主人。主人受视，反之，筮者还，东面。长占，卒，告于主人："占曰吉。"若不吉，则筮远日，如初仪。宗人告事毕。

前期三日之朝，筮尸，如求日之仪。命筮曰："孝孙某，诹此某事，适其皇祖某子，筮某之某为尸。尚飨！"

乃宿尸。主人立于尸外门外。子姓兄弟立于主人之后，北面东上。尸如主人服，出门左，西面。主人辟，皆东面，北上。主人再拜。尸答拜。宗人摈辞如初，卒曰："筮子为某尸，占曰吉，敢宿！"祝许诺，致命。尸许诺，主人再拜稽首。尸入主人退。

宿宾。宾如主人服，出门左，西面再拜。主人东面，答再拜。宗人摈，曰："某荐岁事，吾子将莅之，敢宿！"宾曰："某敢

不敬从！"主人再拜，宾答拜，主人退，宾拜送。

厥明夕，陈鼎于门外，北面北上，有鼏。桉在其南，南顺实兽于其上，东首。牲在其西，北首，东足。设洗于阼阶东南，壶、禁在西序，豆、笾、铏在东房，南上。几、席、两敦在西堂。主人及子姓兄弟即位于门东，如初。宾及众宾即位于门西，东面北上。宗人、祝立于宾西北，东面南上。主人再拜，宾答再拜。三拜众宾，众宾答再拜。主人揖入，兄弟从，宾及众宾从，即位于堂下，如外位。宗人升自西阶，视壶濯及豆笾，反降，东北面告濯、具。宾出，主人出，皆复外位。宗人视牲，告充。雍正作豕。宗人举兽尾，告备；举鼎鼏告洁。请期，曰"羹饪"。告事毕，宾出，主人拜送。

夙兴，主人服如初，立于门外东方，南面，视侧杀。主妇视饎爨于西堂下。

亨于门外东方，西面北主。羹饪，实鼎，陈于门外，如初。尊于户东，玄酒在西。实豆、笾、铏，陈于房中，如初。执事之俎，陈于阶间，二列，北上。盛两敦，陈于西堂，藉用萑，几席陈于西堂，如初。尸盥匜水，实于槃中，箪巾，在门内之右。祝筵几于室中，东面。主妇纚笄，宵衣，立于房中，南面。主人及宾、兄弟、群执事，即位于门外，如初。宗人告有司具。主人拜宾如初，揖入，即位，如初，佐食北面立于中庭。

主人及祝升，祝先入，主人从，西面于户内。主妇盥于房中，荐两豆，葵菹、蜗醢，醢在北。宗人遣佐食及执事盥，出。主人降，及宾盥，出。主人在右，及佐食举牲鼎。宾长在右，及执事举鱼腊鼎。除鼏。宗人执毕先入，当阼阶，南面。鼎西面错，右人抽扃，委于鼎北。赞者错俎，加匕，乃牝。佐食升所俎，鼏之，设于阼阶西。卒载，加匕于鼎。主人升，入复位。俎入，设于豆东。鱼次，腊特于俎北。主妇设两敦黍稷于俎南，西上，及两铏芼设于豆南，南陈。祝洗，酌奠，奠于铏南，遂命佐食启会，佐食启会，却于敦南，出，立于户西，南面。主人再拜稽首。祝在左，卒祝，主人再拜稽首。

祝迎尸于门外。主人降，立于阼阶东。尸入门左，北面盥。宗人授巾。尸全于阶，祝延尸。尸升，入，祝先，主人从。尸即席坐，主人拜妥尸。尸答拜，执奠；祝飨，主人拜如初。祝命挼祭。尸左执觯，右取菹㨎于醢，祭于豆间。佐食取黍、稷、肺祭，授尸。尸祭之，祭酒，啐酒，告旨。主人拜，尸奠觯，答拜。祭铏，尝之，告旨。主人拜，尸答拜，祝命尔敦。佐食尔黍稷于席上，设大羹湆于醢北，举肺脊以授尸。尸受，振祭，哜之，左执之，乃食，食举。主人羞肵俎于腊北。尸三饭，告饱。祝侑，主人拜。佐食举干，尸受，振祭，哜之。佐食受，加于肵俎。举兽干、鱼一，亦如之。尸实举于菹豆。佐食羞庶羞四豆，设于左，南上有醢。尸又三饭，告饱。祝侑之，如初，举骼及兽、鱼，如初，尸又三饭，告饱。祝侑之如初，举肩及兽、鱼如初。佐食盛肵俎，俎释三个，举肺脊加于肵俎反黍稷于其所。

主人洗角，升酌，酳尸。尸拜受，主人拜送。尸祭酒，啐酒，宾长以肝从。尸左执角右取肝㨎于盐，振祭，哜之，加于菹豆，卒角。祝受尸角，曰："送爵！皇尸卒爵。"主人拜，尸答拜。祝酌授尸，尸以醋主人。主人拜受角，尸拜送。主人退，佐食授授祭。主人坐，左执角，受祭祭之，祭酒，啐酒，进听嘏。佐食抟黍授祝，祝授尸。尸受以菹豆，执以亲嘏主人。主人左执角，再拜稽首受，复位，诗怀之，实于左袂，挂于季指，卒角，拜。尸答拜。主人出，写啬于房，祝以籩受。筵祝，南面。主人酌献祝，祝拜受角，主人拜送。设菹醢、俎。祝左执角，祭豆，兴取肺，坐祭，啐之，兴加于俎，坐祭酒，啐酒，以肝从。祝左执角，右取肝撄于盐，振祭，啐之，加于俎，卒角，拜。主人答拜，受角，酌献佐食。佐食北面拜受角，主人拜送。佐食坐祭，卒角，拜。主人答拜，受角，降，反于篚，升，入复位。

主妇洗爵于房，酌，亚献尸。尸拜受，主妇北面拜送。宗妇执两籩，户外坐。主妇受，设于敦南。祝赞籩祭。尸受，祭之，祭酒，啐酒。兄弟长以燔从。尸受，振祭，啐之，反之。羞燔者受，加于炘，出。尸卒爵，祝受爵，命送如初。酢，如主人仪。主妇适房，南面。佐食授祭。主妇左执爵，右抚祭，祭酒，啐酒，入，卒爵，如主人仪。献祝，籩燔从，如初仪。及佐食，如初。卒，以爵入于房。宾三献，如初。燔从如初。爵止。席于户内。主妇洗爵，酌，致爵于主人。主人拜受爵，主妇拜送爵。宗妇赞豆如初，主妇受，设两豆两籩。俎入设。主人左执爵，祭荐，宗人赞祭。奠爵，兴取肺，坐绝祭，啐之，兴加于俎，坐挩手，祭酒，啐酒，肝从。左执爵，取肝撄于盐，坐振祭，啐之。宗人受，加于俎。燔亦如之。兴，席末坐卒爵，拜。主妇答拜，受爵，酌醋，左执爵，拜，主人答拜。坐祭，立饮，卒爵，拜，主人答拜。主妇出，反于房。主人降，洗，酌，致爵于主妇，席于房中，南面。主妇拜受爵，主人西面答拜。宗妇荐豆、俎，从献皆如主人。主人更爵酌醋，卒爵，降，实爵于篚，入复位。三献作止爵。尸卒爵，酢。酌献祝及佐食。洗爵，酌致于主人、主妇、燔从皆如初。更爵，酢于主人，卒，复位。

　　主人降阼阶，西面拜宾，如初。洗，宾辞洗。卒洗，揖让升，酌，西阶上献宾。宾北面拜受爵。主人在右，答拜。荐脯醢。设折俎。宾左执爵，祭豆，奠爵，兴，取肺，坐绝祭，哜之，兴，加于俎，坐挽手，祭酒，卒爵，拜。主人答拜，受爵，酌酢，奠爵，拜。宾答拜。主人坐祭，卒爵，拜。宾答拜，揖，执祭以降，

西面奠于其位；位如初。荐、俎从设。众宾升，拜受爵，坐祭，立饮。荐、俎设于其位，辩。主人备答拜焉，降，实爵于篚。尊两壶阼阶东，加勺，南枋，西方亦如之。主人洗觯，酌于西方之尊，西阶前北面酬宾，宾在左。主人奠觯拜，宾答拜。主人坐祭，卒觯，拜。宾答拜。主人洗觯，宾辞，主人对。卒洗，酌，西面。宾北面拜。主人奠觯于荐北。宾坐取觯，还，东面，拜。主人答拜。宾奠觯于荐南。揖复位。主人洗爵，献长兄弟于阼阶上。如宾仪。洗，献众兄弟，如众宾仪。洗，献内兄弟于房中，如献众兄弟之仪。主人西面答拜，更爵酢，卒爵，降，实爵于篚，入复位。

长兄弟洗觚为加爵，如初仪，不及佐食，洗致如初，无从。众宾长为加爵，如初，爵止。

嗣举奠，盥入，北面再拜稽首。尸执奠，进受，复位，祭酒，啐酒。尸举肝。举奠左执觯，再拜稽首，进受肝，复位，坐食肝，

卒觯，拜。尸备答拜焉。举奠洗酌入，尸拜受，举奠答拜。尸祭酒，啐酒，奠之。举奠出，复位。

兄弟弟子洗酌于东方之尊，阼阶前北面，举觯于长兄弟，如主人酬宾仪。宗人告祭脀，乃羞。宾坐取觯，阼阶前北面酬长兄弟；长兄弟在右。宾奠觯拜，长兄弟答拜。宾立卒觯，酌于其尊，东面立。长兄弟拜受觯。宾北面答拜，揖，复位。长兄弟西阶前北面，众宾长自左受旅，如初，长兄弟卒觯，酌于其尊，西面立。受旅者拜受。长兄弟北面答拜，揖，复位。众宾及众兄弟交错以辩。皆如初仪。为加爵者作止爵，如长兄弟之仪。长兄弟酬宾，如宾酬兄弟之仪，以辩。卒受者实觯于篚。宾弟子及兄弟弟子洗，各酌于其尊，中庭北面西上，举觯于其长，奠觯拜，长皆答拜。举觯者祭，卒觯，拜，长皆答拜。举觯者洗，各酌于其尊，复初位。长皆拜。举觯者皆奠觯于荐右。长皆执以兴，举觯者皆复位答拜。长皆奠觯于其所，皆揖其弟子，弟子皆复其位。爵皆无算。利洗散，献于尸，酢，及祝，如初仪。降，实散于篚。

主人出，立于户外，西南。祝东面告利成。尸谡，祝前，主人降。祝反，及主人入，复位。命佐食彻尸俎，俎出于庙门。彻庶羞，设于西序下。筵对席，佐食分簋铏。宗人遣举奠及长兄弟盥，立于西阶下，东面北上。祝命尝食。馂者，举奠许诺，升，入，东面。长兄弟对之，皆坐。佐食授举，各一肤。主人西面再拜，祝曰："馂，有以也。"两馂奠举于俎，许诺，皆答拜。若是者三。皆取举，祭食，祭举乃食，祭铏，食举。卒食。主人降洗爵，宰赞一爵。主人升酌，酳上馂，上馂拜受爵，主人答拜；酳下馂，亦如之。主人拜，祝曰："酳，有与也。"如初仪。两馂执爵拜，祭酒，卒爵，拜。主人答拜。两馂皆降，实爵于篚，上馂洗爵，升酌，酢主人，主人拜受爵。上馂即位，坐答拜。主人答拜。主人坐祭，卒爵，拜。上馂答拜，受爵，降，实于篚。主人出，立于户外，西面。

祝命彻阼俎、豆、笾，设于东序下。祝执其俎以出，东面于户西。宗妇彻祝豆、笾入于房，彻主妇荐、俎。佐食彻尸荐、俎、敦，设于西北隅，几在南，厞用筵，纳一尊。佐食阖牖户，降。祝告利成，降，出。主人降，即位。宗人告事毕。宾出，主人送于门外，再拜。佐食彻阼俎。堂下俎毕出。

记。特牲馈食，其服皆朝服，玄冠、缁带、缁韠。唯尸、祝、佐食玄端，玄裳、黄裳、杂裳可也，皆爵韠。设洗，南北以堂深，东西当东荣。水在洗东。篚在洗西，南顺，实二爵、二觚、四觯、一角、一散。壶、棜禁，馔于东序，南顺。覆两壶焉，盖在南；明日卒奠，幂用绤；即位而彻之，加勺。笾，巾以绤也，纁里，枣烝，栗择。铏芼，用苦，若薇，皆有滑，夏葵、冬苣。棘心匕，刻。牲爨在庙门外东南，鱼腊爨在其南，皆西面，饎爨在西壁。肵俎心舌皆去本末，午割之，实于牲鼎，载心立、舌缩俎。宾与长兄弟之荐，自东房，其余在东堂。沃尸盥者一人，奉槃者东面，执匜者西面淳沃，执巾者在匜北。宗人东面取巾，振之三，南面授尸；卒，执巾者受。尸入，主人及宾皆辟位，出亦如之。嗣举奠，佐食设豆盐。佐食当事，则户外南面，无事，则中庭北面。凡祝呼，佐食许诺。宗人，献与旅齿于众宾。佐食，于旅齿于兄弟。尊两壶于房中西墉下，南上。内宾立于其北，东面南上。宗妇北堂东面，北上。主妇及内宾、宗妇亦旅，西面。宗妇赞荐者，执以坐于户外，授主妇。尸卒食，而祭饎爨、雍爨。宾从尸，俎出庙门，乃反位。尸俎，左肩、臂、臑、肫、胳，正脊二骨，横脊，长胁二骨，短胁。肤三，离肺一，刌肺三，鱼十有五。腊如牲骨。祝俎，髀、脡脊二骨，胁二骨。肤一，离肺一。阼俎：臂，正脊二骨，横脊，长胁二骨，短胁。肤一，离肺一。主妇俎，觳折，其余如阼俎。佐食俎，觳折，脊，胁。肤一，离肺一。宾，骼。长兄弟及宗人，折：其余如佐食俎。众宾及众兄弟、内宾、宗妇，若有公有司、私臣，皆觳肴，肤一，离肺一。公有司门西，北面东上，献次众宾。私臣门东，北面西上，献次兄弟。升受，降饮。

少牢馈食礼第十六

少牢馈食之礼。日用丁己。筮旬有一日。筮于庙门之外。主人朝服，西面于门东。史朝服，左执筮，右抽上韇，兼与筮执之，东面受命于主人。主人曰："孝孙某，来日丁亥，用荐岁事于皇祖伯某，以某妃配某氏。尚飨！"史曰："诺！"西面于门西，抽下韇，左执筮，右兼执韇以击筮，遂述命曰："假尔大筮有常。孝孙某，来日丁亥，用荐岁事于皇祖伯某，以某妃配某氏。尚飨！"乃释韇立筮。卦者在左坐，卦以木。卒筮，乃书卦于木，示主人，乃退占。吉，则史韇筮，史兼执筮与卦以告于主人："占曰从。"

乃官戒，宗人命涤，宰命为酒，乃退。若不吉，则及远日，又筮日如初。

宿。前宿一日，宿戒尸。明日，朝服筮尸，如筮日之礼。命曰："孝孙某，来日丁亥，用荐岁事于皇祖伯某，以某妃配某氏。以某之某为尸。尚飨！"筮、卦占如初。吉，则乃遂宿尸。祝摈，主人再拜稽首。祝告曰："孝孙某，来日丁亥，用荐岁事于皇祖伯某，以某妃配某氏。敢宿！"尸拜，许诺，主人又再拜稽首。主人退，尸送，揖，不拜。若不吉，则遂改筮尸。

既宿尸，反，为期于庙门之外。主人门东，南面。宗人朝服北面，曰："请祭期。"主人曰："比于子。"宗人曰："旦明行事。"主人曰："诺！"乃退。明日，主人朝服，即位于庙门之外，东方南面。宰、宗人西面，北上。牲北首东上。司马刲羊，司士击豕。宗人告备，乃退。雍人概鼎、匕、俎于雍爨，雍爨在门东南，北上。廪人概甑甗、匕与敦于廪爨，廪爨在雍爨之北。司宫概豆、笾、勺、爵、觚、觯、几、洗、篚于东堂下，勺、爵、觚、觯实于篚；卒概，馔豆、笾与篚于房中，放于西方；设洗于阼阶东南，当东荣。

羹定，雍人陈鼎五，三鼎在羊镬之西，二鼎在豕镬之西。司马升羊右胖。髀不升，肩、臂、臑、肫、骼，正脊一、

脡脊一、横脊短胁一、正胁一、代胁一，皆二骨以并，肠三、胃三、举肺一、祭肺三，实于一鼎。司士升豕右胖。髀不升，肩、臂、臑、胉骼，正脊一、脡脊一、横脊一、短胁一、正胁一、代胁一，皆二骨以并，举肺一、祭肺三，实于一鼎。雍人伦肤九，实于一鼎。司士又升鱼、腊，鱼十有五而鼎，腊一纯而鼎，腊用麋。卒脀，皆设扃幂，乃举，陈鼎于庙门之外，东方，北面，北上。司宫尊两甒于房户之间，同棜，皆有幂，甒有玄酒。司宫设罍水于洗东，有枓，设篚于洗西，南肆。改馔豆、笾于房中，南面，如馈之设，实豆、笾之实。小祝设槃、匜与箪、巾于西阶东。

主人朝服，即位于阼阶东，西面。司宫筵于奥，祝设几于筵上，右之。主人出迎鼎，除鼏。士盥，举鼎，主人先入。司宫取二勺于篚，洗之，兼执以升，乃启二尊之盖幂，奠于棜上。加二勺于二尊，覆之，南柄。鼎序入。雍正执一匕以从，雍府执四匕以从，司士合执二俎以从。司士赞者二人，皆合执二俎以相，从入。陈鼎于东方，当序，南于洗西，皆西面，北上，肤为下。匕皆加于鼎。东枋。俎皆设于鼎西，西肆。肵俎在羊俎之北，亦西肆。宗人遣宾就主人，皆盥于洗，长枇。佐食上利升牢心舌，载于肵俎。心皆安下切上，午割勿没，其载于肵俎，末在上。舌皆切本末，亦午割勿没；其载于肵，横之。皆如初为之于爨也。佐食迁肵俎于阼阶西，西缩，乃反。佐食二人。上利升羊，载右胖，髀不升，肩、臂、臑、肢骼；正脊一、横脊一、短胁一、正胁一、代胁一，皆二骨以并；肠三、胃三，长皆乃俎拒；举肺一，长终肺，祭肺三，皆切。肩、臂、臑、肢、骼在两端，脊、胁、肺，肩在上。下利

礼仪

升豕，其载如羊，无肠胃。体其载于俎，皆进下。司士三人，升鱼、腊、肤。鱼用鲋十有五而俎，缩载，右首，进腴。腊一纯而俎，亦进下，肩在上。肤九而俎，亦横载，革顺。

卒胾，祝盥于洗，升自西阶。主人盥，升自阼阶。祝先入，南面。主人从，户内西面。主妇被锡，衣侈袂，荐自东房，韭、菹、醓、醢，坐奠于筵前。主妇赞者一人，亦被锡。衣侈袂。执葵菹、蠃醢，以授主妇。主妇不兴，遂受，陪设于东，韭菹在南，葵菹在北。主妇兴，入于房。佐食上利执羊俎，下利执豕俎，司士三人执鱼、腊、肤俎，序升自西阶，相，从入。设俎，羊在豆东，豕亚其北，鱼在羊东，腊在豕东，特肤当俎北端。主妇自东房，执一金敦黍，有盖，坐设于羊俎之南。妇赞者执敦稷以授主妇。主妇兴受，坐设于鱼俎南；又兴受赞者敦黍，坐设于稷南；又兴受赞者敦稷，坐设于黍南。敦皆南首。主妇兴，入于房。祝酌，奠，遂命佐食

启会。佐食启会盖，二以重，设于敦南。主人西面，祝在左，主人再拜稽首。祝祝曰："孝孙某，敢用柔毛、刚鬣、嘉荐、普淖，用荐岁事于皇祖伯某，以某妃配某氏。尚飨！"主人又再拜稽首。

祝出，迎尸于庙门之外。主人降立于阼阶东，西面。祝先，入门右。尸入门左。宗人奉槃，东面于庭南。一宗人奉匜水，西面于槃东。一宗人奉箪、巾，南面于槃北。乃沃尸，盥于槃上。卒盥，坐奠箪，取巾，兴，振之三，以授尸，坐取箪，兴，以受尸巾。祝延尸。尸升自西阶，入，祝从。主人升自阼阶，祝先入，主人从。尸升筵，祝、主人西面立于户内，祝在左。祝、主人皆拜妥尸，尸不言尸答拜，遂坐，祝反南面。

尸取韭菹，辩擩于三豆，祭于豆间。上佐食取黍稷于四敦。下佐食取牢一切肺于俎，以授上佐食。上佐食兼与黍以授尸。尸受，同祭于豆祭。上佐食举尸牢肺、正脊以授尸。上佐食尔上敦黍于筵上，右之。主人羞肵俎，升自阼阶，置于肵北。上佐食羞两铏，取一羊铏于房中，坐设于韭菹之南。下佐食又取一豕铏于房中以从。上佐食受，坐设于羊铏之南。皆芼，皆有柶。尸扱以柶，祭羊铏，遂以祭豕铏，尝羊铏，食举，三饭。上佐食举尸牢干，尸受，振祭，哜之。佐食受，加于肵。上佐食羞胾两瓦豆，有醢，亦用瓦豆，设于荐豆之北。尸又食，食胾。上佐食举尸一鱼，尸受，振祭，哜之。佐食受，加于肵，横之。又食。上佐食举尸腊肩，尸受，振祭，哜之，上佐食受，加于肵。又食。上佐食举尸牢胳，如初。又食。尸告饱。祝西面于主人之南，独侑不拜。侑曰："皇尸未实，侑！"尸又食。上佐食举尸牢肩，尸受，振祭，哜之，佐食受加于肵。尸不饭，告饱。祝西面于主人之南。主人不言，拜侑。尸又三饭。上佐食受尸牢肺、正脊，加于所。

主人降，洗爵，升，北面酌酒，乃酳尸。尸拜受，主人拜送。尸祭酒，啐酒。宾长羞牢肝，用俎，缩执俎，肝亦缩，进末，盐在右。尸左执爵，右兼取肝，㧀于俎盐，振祭，哜之，加于俎豆，卒爵兴。主人拜。祝受尸爵。尸答拜。祝酌授尸，尸醋主人。主人拜受爵，尸答拜。主人西面奠爵，又拜。上佐食取四敦黍稷，下佐食取牢一切肺，以授上佐食。上佐食以绥祭。主人左执爵，右受佐食，坐祭之，又祭酒，不兴，遂啐酒。祝与二佐食皆出，盥于洗，入。二佐食各取黍于一敦。上佐食兼受，抟之，以授尸，尸执以命祝。卒命祝，祝受以东，北面于户西，以嘏于主人，曰："皇尸命工祝，承致多福无疆于女孝孙。来女孝孙，使女受禄于天，宜稼于田，眉寿万年，勿替引之。"主人坐奠爵，兴；再拜稽首，兴；受黍，坐振祭，哜之；诗怀之，实于左袂，挂于季指，执爵以兴；坐卒爵，执爵以兴；坐奠爵，拜。尸答拜。执爵以兴，出。宰夫以笾受嗇黍。主人尝之，纳诸内。

主人献祝，设席南面。祝拜于席上，坐受。主人西面答拜。荐两豆菹、醢。佐食设俎，牢髀，横脊一、短胁一、肠一、胃一、肤三，鱼一横之，腊两髀属于尻。祝取菹㧀于醢，祭于豆间。祝祭俎，祭酒，啐酒。肝牢从。祝取肝㧀于盐，振祭，哜之，不兴，加于俎，卒爵，兴。

主人酌，献上佐食。上佐食户内牖东北面拜，坐受爵。主人西面答拜。佐食祭酒，卒爵，拜，坐授爵，兴。俎设于两阶之间，其俎，折，一肤。主人又献下佐食，亦如之。其胥亦设于阶间，西上，亦折，一肤。

有司赞者取爵于篚以升，授主妇赞者于房户。妇赞者受，以授主妇。主妇洗于房中，出酌，入户，西面拜，献尸。尸拜受。主妇主人之北西面拜送爵。尸祭酒，卒爵。主妇拜。祝受尸爵。尸答拜。

易爵，洗，酌，授尸。主妇拜受爵，尸答拜。上佐食绥祭。主妇西面，于主人之北受祭，祭之，其绥祭如主人之礼，不嘏，卒爵，拜。尸答拜。主妇以爵出。赞者受，易爵于篚，以授主妇于房中。主妇洗，酌，献祝。祝拜，坐受爵。主妇答拜于主人之北。卒爵，不兴，坐授主妇。

主妇受，酌，献上佐食于户内。佐食北面拜，坐受爵，主妇

西面答拜。祭酒，卒爵，坐授主妇。主妇献下佐食，亦如之。主妇受爵以入于房。宾长洗爵献于尸，尸拜受爵。宾户西北拜送爵。尸祭酒，卒爵。宾拜。祝受尸爵，尸答拜。祝酌授尸，宾拜受爵，尸拜送爵。宾坐奠爵，遂拜，执爵以兴，坐祭，遂饮，卒爵，执爵以兴，坐奠爵，拜。尸答拜。

宾酌献祝。祝拜，坐受爵。宾北面答拜。祝祭酒，啐酒，奠爵于其筵前。主人出立于阼阶上，西面。祝出立于西阶上，东面。祝告曰："利成。"祝入，尸谡。主人降立于阼阶东，西面。祝先，尸从，遂出于庙门。

祝反，复位于室中。主人亦入于室，复位。祝命佐食彻肵俎，降设于堂下阼阶南。司宫设对食，乃四人馂。上佐食盥升，下佐食对之，宾长二人备。司士进一敦于上佐食，又进一敦黍于下佐食，皆右之于席上。资黍于羊俎两端，两下是馂。司士乃辩举，馂者皆祭黍、祭举。主人西面，三拜馂者。馂者奠举于俎，皆答拜，皆反，取举。司士进一铏于上馂，又进一铏于次馂，又进二豆湆于两下。乃皆食，食举，卒食。主人洗一爵，升酌，以授上馂。赞者洗三爵，酌。主人受于户内，以授次馂，若是以辩。皆不拜，受爵。主人西面，三拜馂者。馂者奠爵，皆答拜，皆祭酒，卒爵，奠爵，皆拜。主人答壹拜。馂者三人兴，出，上馂止。主人受上馂爵，酌以酢于户内，西面坐奠爵，拜，上馂答拜。坐祭酒，啐酒。上馂亲嘏，曰："主人受祭之福，胡寿保建家室。"主人兴，坐奠爵，拜，执爵以兴，坐卒爵，拜，上馂答拜。上馂兴，出。主人送，乃退。

有司彻第十七

　　有司彻，扫堂。司宫摄酒。乃燅尸俎，卒燅，乃升羊、豕、鱼三鼎，无腊与肤，乃设扃鼏，陈鼎于门外，如初。

　　乃议侑于宾，以异姓。宗人戒侑。侑出，俟于庙门之外。司宫筵于户西，南面；又筵于西序，东面。尸与侑，北面于庙门之外，西上。主人出迎尸，宗人摈。主人拜，尸答拜。主人又拜侑，侑答拜。主人揖，先入门，右。尸入门，左；侑从，亦左。揖，乃让。主人先升自阼阶，尸、侑升自西阶，西楹西，北面东上。主人东楹东，北面拜至，尸答拜。主人又拜侑，侑答拜。乃举，司马举羊鼎，司士举豕鼎、举鱼鼎，以入。陈鼎如初。雍正执一匕以从，雍府执二匕以从，司士合执二俎以从，司士赞者亦合执二俎以从。

匕皆加于鼎，东枋。二俎设于羊鼎西，西缩。二俎皆设于二鼎西，亦西缩。雍人合执二俎，陈于羊俎西，并皆西缩。覆二疏匕于其上，皆缩俎，西枋。

　　主人降，受宰几。尸、侑降，主人辞，尸对。宰授几，主人受，二手横执几，揖尸。主人升，尸、侑升，复位。主人西面，左手执几，缩之，以右袂推拂几三，二手横执几，进授尸于筵前。尸进，二手受于手间，主人退。尸还几，缩之，右手执外廉，北面奠于筵上，左之，南缩，不坐。主人东楹东，北面拜。尸复位，尸与侑皆北面答拜。主人降洗，尸、侑降，尸辞洗。主人对，卒洗，揖。主人升，尸、侑升，尸丙楹西北面拜洗。主人东楹东北面奠爵答拜，降盥。尸、侑降，主人辞，尸对。卒盥。主人揖，升，尸、侑升。主人坐取爵，酌献尸。尸北面拜受爵，主人东楹东北面拜送爵。主妇自东房荐韭、菹、醢，坐奠于筵前，菹在西方。妇赞者执昌、苴、醢以授主妇。主妇不兴，受；陪设于南，昌在东方。兴，取笾于房，麷、蕡坐设于豆西，当外列，麷在东方。妇赞者执白、黑以授主妇。主妇不兴，受，设于初笾之南，白在西方；兴，退。乃升。司马朼羊，亦司马载。载右体，肩、臂、臑、胳、臑，正脊一、脡脊一、横脊一、短胁一、正胁一、代胁一、肠一、胃一、祭肺一，载于一俎。羊肉湆：臑折、正脊一、正胁一、肠一、胃一、嚌肺一，载于南俎。司士朼豕，亦司士载，亦右体：肩、臂、臑、胳、臑，正脊一、脡脊一、横脊一、短胁一、正胁一、代胁一、肤五、嚌肺一，载于一俎。侑俎：羊左肩、左臑、正脊一、胁一、肠一、胃一、切肺一，载于一俎。侑俎：豕左肩折、正脊一、胁一、肤三、切肺一，载于一俎。阼俎：羊肺一，祭肺一，载于一俎。羊肉湆：臂一、脊一、胁一、肠一、胃一、嚌肺一，载于一俎。豕脀：臂一、脊一、胁一、肤三、嚌肺一，载于一俎。主妇俎：羊左臑、脊一、胁一、肠一、胃一、肤一、嚌羊肺一，载于一俎。司士枇鱼，亦司士载，尸俎五鱼，横载之，侑、主人皆一鱼，亦横载之，皆加膴祭于其上。卒升。宾长设羊俎于豆南，宾降。尸升筵自西方，坐，左执爵，右取韭、菹揳于三豆，祭于豆间。尸取糗、蕡，宰夫赞者取白、黑以授尸。尸受，兼祭于豆祭。雍人授次宾疏匕与俎。受于鼎西，左手执俎左廉，缩之，却右手执匕枋，缩于俎上，以东面受于羊鼎之西。司马在羊鼎之东，二手执桃匕枋以挹湆，注于疏匕，若是者三。尸兴，左执爵，右取肺，坐祭之，祭酒，兴，左执爵。次宾缩执匕俎以升，若是以授尸。尸却手受匕枋，坐祭，嚌之，兴，覆手以授宾。宾亦覆手以受，缩匕于俎上以降。尸席末坐啐酒，兴，坐奠爵，拜，告旨，执爵以兴。主人北面于东楹东，答拜。司马羞羊肉湆，缩执俎。尸坐奠爵，兴取肺，坐绝祭，嚌之，兴，反加于俎。司马缩奠俎于羊湆俎南，乃载于羊俎，卒载俎，缩执俎以降。尸坐执爵以兴。次宾羞羊燔，缩执俎，缩一燔于俎上，盐在右。尸左执爵，受燔，揳于盐，坐振祭，嚌之，兴，加于羊俎。宾缩执俎以降。尸降筵，北面于西楹西，坐卒爵，执爵以兴，坐奠爵，拜，执爵以兴。主人北面于东楹东答拜。主人受爵。尸升筵，立于筵末。

主人酌，献侑。侑西楹西北面拜受爵。主人在其右，北面答拜。主妇荐韭菹醓，坐奠于筵前，醓在南方。妇赞者执二笾糗、蕡，以授主妇。主妇不兴，受之，奠糗于醓南，蕡在糗东。主妇入于房。侑升筵自北方。司马横执羊俎以升，设于豆东。侑坐，左执爵，右取菹擩于醢，祭于豆间，又取黍、稷同祭于豆祭，兴，左执爵，右取肺，坐祭之，祭酒，兴，左执爵。次宾羞羊燔，如尸礼。侑降筵自北方，北面于西楹西，坐卒爵，执爵以兴，坐奠爵，拜。主人答拜。

尸受侑爵，降洗。侑降立于西阶西，东面。主人降自阼阶，辞洗。尸坐奠爵于篚，兴对，卒洗。主人升，尸升自西阶。主人拜洗。尸北面于西楹西，坐奠爵，答拜，降盥。主人降，尸辞，主人对。卒盥。主人升。尸升，坐取爵，酌。司宫设席于东序，西面。主人东楹东北面拜受爵，尸西楹西北面答拜。主妇荐韭、菹、醢，坐奠于筵前，菹在北方。妇赞者执二笾黍、稷，主妇不兴，受，设黍于菹西北，稷在黍西。主人升筵自北方，主妇入于房。长宾设羊俎于豆西。主人坐，左执爵，祭豆笾，如侑之祭，兴，左执爵，

一四二

右取肺，坐祭之，祭酒，兴。次宾羞匕湆。如尸礼。席末坐啐酒，执爵以兴。司马羞羊肉湆，缩执俎。主人坐，奠爵于左，兴，受肺，坐绝祭，哜之，兴，反加于湆俎。司马缩奠湆俎于羊俎西，乃载之，卒载，缩执虚俎以降。主人坐取爵以兴。次宾羞燔，主人受，如尸礼。主人降筵自北方，北面于阼阶上，坐卒爵，执爵以兴，坐奠爵，拜，执爵以兴。尸西楹西答拜。主人坐奠爵于东序南。侑升。尸、侑皆北面于西楹西。主人北面于东楹东，再拜崇酒。尸、侑皆答再拜。主人及尸、侑皆升就筵。司宫取爵于篚，以授妇赞者于房东，以授主妇。主妇洗爵于房中，出实爵，尊南，西面拜献尸。尸拜，于筵上受。主妇西面于主人之席北，拜送爵，入于房，取一羊铏，坐奠于韭菹西。主妇赞者执豕铏以从，主妇不兴，受，设于羊铏之西，兴，入于房，取糗与腶修，执以出，坐设之，糗在冀西。修在白西，兴，立于主人席北。西面。尸坐，左执爵，祭糗修，同祭于豆祭，以羊铏之柶扱羊铏，遂以扱豕铏，祭于豆祭，祭酒。次宾羞豕匕湆，如羊匕湆之礼。尸坐啐酒，左执爵，尝上铏，执爵以兴，坐奠爵，拜，主妇答拜。执爵以兴。司士羞豕胾。尸坐奠爵，兴受，如羊肉湆之礼，坐取爵，兴。次宾羞豕燔。尸左执爵，受燔，如羊燔之礼，坐卒爵，拜。主妇答拜。

受爵，酌，献侑。侑拜受爵，主妇主人之北西面答拜。主妇羞糗、修，坐奠糗于醓南，修在冀南。侑坐，左执爵，取糗、修兼祭于豆祭。司士缩执豕脊以升。侑兴取肺，坐祭之。司士缩奠豕脊于羊俎之东，载于羊俎，卒，乃缩执俎以降。侑兴。次宾羞豕燔，侑受如尸礼，坐卒爵，拜。主妇答拜。

受爵，酌以致于主人。主人筵上拜受爵，主妇北面于阼阶上答拜。主妇设二铏与糗、脩，如尸礼。主人其祭糗、脩，祭铏，祭酒，受豕匕湆，拜啐酒，皆如尸礼。尝铏不拜。其受豕脊，受豕燔，亦如尸礼。坐卒爵，拜。主妇北面答拜，受爵。

尸降筵，受主妇爵以降。主人降，侑降。主妇入于房。主人立于洗东北，西面。侑东面于西阶西南。尸易爵于篚，盥洗爵，主人揖尸、侑。主人升。尸升自西阶，侑从。主人北面立于东楹东，侑西楹西北面立。尸酢。主妇出于房。西面拜，受爵。尸北面于侑东答拜。主妇入于房。司宫设席于房中，南面。主妇立于席西。妇赞者荐韭、菹、醢，坐奠于筵前，菹在西方。妇人赞者执糗、𬱖以授妇赞者，妇赞者不兴，受，设糗于菹西，𬱖在糗南。主妇升筵。司马设羊俎于豆南。主妇坐，左执爵，右取菹揳于醢，祭于豆间；又取糗、𬱖兼祭于豆祭。主妇奠爵，兴取肺，坐绝祭，嚌之；兴加于俎，坐挩手，祭酒，啐酒。次宾羞羊燔。主妇兴，受燔，如主人之礼。主妇执爵以出于房，西面于主人席北，立卒爵，执爵拜。尸西楹西北面答拜。主妇入立于房。尸、主人及侑皆就筵。

上宾洗觯以升，酌，献尸。尸拜受爵。宾西楹西北面拜送爵。尸奠爵于荐左。宾降。主人降，洗觯，尸、侑降。主人奠爵于篚，辞。尸对。卒洗，揖。尸升，侑不升。主人实爵酬尸，东楹东，北面坐奠爵，拜。尸西楹西北面答拜。坐祭，遂饮，卒爵拜。尸答拜。降洗。尸降辞。主人奠爵于篚，对，卒洗。主人升。尸升。主人实觯，尸拜受爵。主人反位，答拜。尸北面坐，奠爵于荐左。

尸、侑、主人皆升筵。乃羞，宰夫羞房中之羞于尸、侑、主人、主妇，皆右之，司士羞庶羞于尸、侑、主人、主妇，皆左之。

主人降，南面拜众宾于门东，三拜。众宾门东，北面，皆答壹拜。主人洗爵，长宾辞。主人奠爵于篚，兴对，卒洗，升酌，献宾于西阶上。长宾升，拜受爵。主人在其右，北面答拜。宰夫自东房荐脯、醢，醢在西。司士俎于豆北，羊骼一，肠一，胃一，切肺一，肤一。宾坐，左执爵，右取脯，擩于醢，祭之，执爵兴，取肺，坐祭之，祭酒，遂饮，卒爵，执爵以兴，坐奠爵，拜，执爵以兴。主人答拜，受爵，宾坐取祭以降，西面坐委西阶西南。宰夫执荐以从，设于祭东；司士执俎以从，设于荐东。

众宾长升，拜受爵，主人答拜。坐祭，立饮，卒爵，不拜既爵。宰夫赞主人酌，若是以辩。辩受爵。其荐脯、醢与胥，设于其位。其位继上宾而南，皆东面。其胥体，仪也。

乃升长宾，主人酌，酢于长宾，西阶上北面，宾在左。主人坐奠爵，拜，执爵以兴，宾答辩。坐祭，遂饮，卒爵，执爵以兴，坐奠爵，拜。宾答拜。宾降。宰夫洗觯以升。主人受酌，降酬长宾于西阶南，北面。宾在左。主人坐奠爵，拜，宾答拜。坐祭，遂饮，卒爵拜。宾答拜。主人洗，宾辞。主人坐奠爵于篚，对，卒洗，升酌，降复位。宾拜受爵，主人拜送爵。宾西面坐，奠爵于荐左。主人洗，升酌，献兄弟于阼阶上。兄弟之长升，拜受爵。主人在其右答拜。坐祭，立饮，不拜既爵，皆若是以辩。辩受爵，其位在洗东，西面北上。升受爵，其荐脀设于其位。其先生之脀，折，胁一，肤一。其众，仪也。

主人洗，献内宾于房中。南面拜受爵，主人南面于其右答拜。坐祭，立饮，不拜既爵。若是以辩，亦有荐脀。

主人降洗，升献私人于阼阶。拜于下，升受，主人答其长拜。

乃降，坐祭，立饮，不拜既爵。若是以辩。宰夫赞主人酌。主人于其群私人，不答拜。其位继兄弟之南，亦北上，亦有荐脀。主人就筵。

尸作三献之爵。司士羞湆鱼，缩执俎以升。尸取膴祭祭之，祭酒，卒爵。司士缩奠俎于羊俎南，横载于羊俎，卒，乃缩执俎以降。尸奠爵拜。三献北面答拜，受爵，酌献侑。侑拜受，三献北面答拜。司士羞湆鱼一，如尸礼。卒爵拜。三献答拜，受爵，酌致主人。主人拜受爵，三献东楹东北面答拜。司士羞一湆鱼，如尸礼。卒爵拜。三献答拜，受爵。尸降筵，受三献爵，酌以酢之。三献西楹西北面拜受爵，尸在其右以授之。尸升筵，南面答拜，坐祭，遂饮，卒爵拜。尸答拜。执爵以降，实于篚。

二人洗觯，升实爵，西楹西，北面东上，坐奠爵，拜，执爵以兴，尸、侑答拜。坐祭，遂饮，卒爵，执爵以兴，坐奠爵，拜，尸、侑答拜。皆降洗，升酌，反位。尸、侑皆拜受爵，举觯者皆拜送。侑奠觯于右。尸遂执觯以兴，北面于阼阶上酬主人。主人在右。坐奠爵，拜，主人答拜。不祭，立饮，卒爵，不拜既爵，酌，就于阼阶上酬主人。主人拜受爵。尸拜送。尸就筵，主人以酬侑于西楹西，侑在左。坐奠爵，拜。执爵兴，侑答拜。不祭，立饮，卒爵，不拜既爵，酌，复位。侑拜受，主人拜送。主人复筵，乃升长宾。侑酬之，如主人之礼。至于众宾，遂及兄弟，亦如之，皆饮于上。遂及私人，拜受者升受，下饮，卒爵，升酌，以之其位，相酬辩。卒饮者实爵于篚。乃羞庶羞于宾、兄弟、内宾及私人。兄弟之后生者举觯于其长。洗，升酌，降，北面立于阼阶南，长在左。坐奠爵，拜，执爵以兴，长答拜。坐祭，遂饮，卒爵，执爵以兴，坐奠爵，拜，执爵以兴，长答拜。洗，升酌，降。长拜受于其位，举爵者东面答拜。爵止。宾长献于尸，如初，无湆，爵不止。

宾一人举爵于尸，如初，亦遂之于下。宾及兄弟交错其酬，皆遂及私人，爵无算。尸出，侑从。主人送于庙门之外，拜，尸不顾，拜侑与长宾，亦如之。众宾从。司士归尸、侑之俎。主人退，有司彻。

若不宾尸，则祝、侑亦如之。尸食，乃盛俎、臑、臂、肫、胳脊、横脊、短胁、代胁，皆牢；鱼七；腊辩。无髀。卒盛，乃举牢肩。

尸受，振祭，哜之。佐食受，加于肵。

　　佐食取一俎于堂下以入，奠于羊俎东。乃摭于鱼、腊俎，俎释三个。其余皆取之，实于一俎以出。祝、主人之鱼、腊取于是。尸不饭，告饱。主人拜侑，不言，尸又三饭。佐食受牢举，如傧。主人洗、酌，酳尸，宾羞肝，皆如傧礼。卒爵，主人拜，祝受尸爵，尸答拜。祝酌授尸，尸以醋主人，亦如傧。其绥祭，其嘏，亦如傧。其献祝与二佐食，其位，其荐脊，皆如傧。

　　主妇其洗献于尸，亦如傧。主妇反取笾于房中，执枣、糗，坐设之，枣在稷南，糗在枣南。妇赞者执栗、脯，主妇不兴，受，设之，栗在糗东，脯在枣东。主妇兴。反位。尸左执爵，取枣、糗。祝取栗、脯以授尸。尸兼祭于豆祭，祭酒，啐酒。次宾羞牢燔，用俎，盐在右。尸兼取燔擩于盐，振祭，哜之。祝受，加于肵。卒爵。主妇拜。祝受尸爵。尸答拜。祝易爵，洗，酌，授尸。尸以醋主妇，主妇主人之北拜受爵，尸答拜。主妇反位，又拜。上佐食绥祭，如傧。卒爵拜，尸答拜。主妇献祝，其酌如傧。拜，坐受爵。主妇主人之北答拜。宰夫荐枣、糗，坐设枣于菹西，糗在枣南。祝左执爵，取枣、糗祭于豆祭，祭酒，啐酒。次宾羞燔，如尸礼。卒爵。主人受爵，酌献二佐食，亦如傧。主妇受爵，以入于房。宾长洗爵，献于尸。尸拜受。宾户西北面答拜。爵止。主妇洗于房中，酌，致于主人。主人拜受，主妇户西北面拜送爵。司宫设席。主妇荐韭、菹、醢，坐设于席前，菹在北方。妇赞者执枣、糗以从，主妇不兴，受，设枣于菹北，糗在枣西。佐食设俎，臂、脊、胁、肺皆牢，肤三，鱼一，腊臂。主人左执爵，右取菹挼于醢，祭于豆间，遂祭笾，奠爵，兴，取牢肺，坐绝祭，哜之，兴，加于俎，坐梲手，祭酒，执爵以兴，坐卒爵，拜。主妇答拜，受爵，酌以醋，户内北面拜，主人答拜。卒爵，拜。主人答拜。主妇以爵入于房。尸作止爵，祭酒，卒爵。宾拜。祝受爵。尸答拜。祝酌授尸。宾拜受爵，尸拜送。坐祭，遂饮，卒爵拜。尸答拜。献祝及二佐食。洗，致爵于主人。主人席上拜受爵，宾北面答拜。坐祭，遂饮，卒爵，拜。宾答拜，受爵，酌，致爵于主妇。主妇北堂。司宫设席，东面。主妇席北东面拜受爵，宾西面答拜。妇赞者荐韭、菹、醢，菹在南方。妇人赞者执枣、糗，授妇赞者；妇赞者不兴，受，设枣于菹南，糗在枣东。佐食设俎于豆东，羊臑，豕折，羊脊、胁，祭肺一，肤一，鱼一，腊臑。主妇升筵，坐，左执爵，右取菹挼于醢，祭之，祭笾，奠爵，兴取肺，坐绝祭，哜之，兴加于俎，坐梲手，祭酒，执爵兴，筵北东面立卒爵，拜。

宾答拜。宾受爵，易爵于篚，洗、酌，醋于主人，户西北面拜，主人答拜。卒爵，拜，主人答拜。宾以爵降奠于篚。乃羞。宰夫羞房中之羞，司士羞庶羞于尸、祝、主人、主妇，内羞在右，庶羞在左。

主人降，拜众宾，洗，献众宾。其荐脀，其位，其酬醋，皆如傧礼。主人洗，献兄弟与内宾，与私人，皆如傧礼。其位，其荐脀，皆如傧礼。卒，乃羞于宾、兄弟、内宾及私人，辩。

宾长献于尸，尸酢，献祝，致，醋。宾以爵降，实于篚。宾、兄弟交错其酬。无算爵。

利洗爵，献于尸，尸醋。献祝，祝受，祭酒，啐酒，奠之。主人出，立于阼阶上，西面。祝出，立于西阶上，东面。祝告于主人曰："利成。"祝入。主人降，立于阼阶东，西面。尸谡，祝前，尸从，遂出于庙门。祝反，复位于室中。祝命佐食彻尸俎。佐食乃出尸俎于庙门外，有司受，归之。彻阼荐俎。

乃馂，如傧。卒馂，有司官彻馈，馔于室中西北隅，南面，如馈之设，右几，厞用席。纳一尊于室中。司宫扫祭。主人出，立于阼阶上。西面。祝执其俎以出，立于西阶上，东面。司宫阖牖户。祝告利成，乃执俎以出于庙门外，有司受，归之。众宾出。主人拜送于庙门外，乃反。妇人乃彻，彻室中之馔。

书目

001. 唐诗
002. 宋词
003. 元曲
004. 三字经
005. 百家姓
006. 千字文
007. 弟子规
008. 增广贤文
009. 千家诗
010. 菜根谭
011. 孙子兵法
012. 三十六计
013. 老子
014. 庄子
015. 孟子
016. 论语
017. 五经
018. 四书
019. 诗经
020. 诸子百家哲理寓言
021. 山海经
022. 战国策
023. 三国志
024. 史记
025. 资治通鉴
026. 快读二十四史
027. 文心雕龙
028. 说文解字
029. 古文观止
030. 梦溪笔谈
031. 天工开物
032. 四库全书
033. 孝经

034. 素书
035. 冰鉴
036. 人类未解之谜（世界卷）
037. 人类未解之谜（中国卷）
038. 人类神秘现象（世界卷）
039. 人类神秘现象（中国卷）
040. 世界上下五千年
041. 中华上下五千年·夏商周
042. 中华上下五千年·春秋战国
043. 中华上下五千年·秦汉
044. 中华上下五千年·三国两晋
045. 中华上下五千年·隋唐
046. 中华上下五千年·宋元
047. 中华上下五千年·明清
048. 楚辞经典
049. 汉赋经典
050. 唐宋八大家散文
051. 世说新语
052. 徐霞客游记
053. 牡丹亭
054. 西厢记
055. 聊斋
056. 最美的散文（世界卷）
057. 最美的散文（中国卷）
058. 朱自清散文
059. 最美的词
060. 最美的诗
061. 柳永·李清照词
062. 苏东坡·辛弃疾词
063. 人间词话
064. 李白·杜甫诗
065. 红楼梦诗词
066. 徐志摩的诗

067. 朝花夕拾	100. 中国国家地理
068. 呐喊	101. 中国文化与自然遗产
069. 彷徨	102. 世界文化与自然遗产
070. 野草集	103. 西洋建筑
071. 园丁集	104. 西洋绘画
072. 飞鸟集	105. 世界文化常识
073. 新月集	106. 中国文化常识
074. 罗马神话	107. 中国历史年表
075. 希腊神话	108. 老子的智慧
076. 失落的文明	109. 三十六计的智慧
077. 罗马文明	110. 孙子兵法的智慧
078. 希腊文明	111. 优雅——格调
079. 古埃及文明	112. 致加西亚的信
080. 玛雅文明	113. 假如给我三天光明
081. 印度文明	114. 智慧书
082. 拜占庭文明	115. 少年中国说
083. 巴比伦文明	116. 长生殿
084. 瓦尔登湖	117. 格言联璧
085. 蒙田美文	118. 笠翁对韵
086. 培根论说文集	119. 列子
087. 沉思录	120. 墨子
088. 宽容	121. 荀子
089. 人类的故事	122. 包公案
090. 姓氏	123. 韩非子
091. 汉字	124. 鬼谷子
092. 茶道	125. 淮南子
093. 成语故事	126. 孔子家语
094. 中华句典	127. 老残游记
095. 奇趣楹联	128. 彭公案
096. 中华书法	129. 笑林广记
097. 中国建筑	130. 朱子家训
098. 中国绘画	131. 诸葛亮兵法
099. 中国文明考古	132. 幼学琼林

133. 太平广记
134. 声律启蒙
135. 小窗幽记
136. 孽海花
137. 警世通言
138. 醒世恒言
139. 喻世明言
140. 初刻拍案惊奇
141. 二刻拍案惊奇
142. 容斋随笔
143. 桃花扇
144. 忠经
145. 围炉夜话
146. 贞观政要
147. 龙文鞭影
148. 颜氏家训
149. 六韬
150. 三略
151. 励志枕边书
152. 心态决定命运
153. 一分钟口才训练
154. 低调做人的艺术
155. 锻造你的核心竞争力：保证完成任务
156. 礼仪资本
157. 每天进步一点点
158. 让你与众不同的8种职场素质
159. 思路决定出路
160. 优雅——妆容
161. 细节决定成败
162. 跟卡耐基学当众讲话
163. 跟卡耐基学人际交往
164. 跟卡耐基学商务礼仪
165. 情商决定命运
166. 受益一生的职场寓言
167. 我能：最大化自己的8种方法
168. 性格决定命运
169. 一分钟习惯培养
170. 影响一生的财商
171. 在逆境中成功的14种思路
172. 责任胜于能力
173. 最伟大的励志经典
174. 卡耐基人性的优点
175. 卡耐基人性的弱点
176. 财富的密码
177. 青年女性要懂的人生道理
178. 倍受欢迎的说话方式
179. 开发大脑的经典思维游戏
180. 千万别和孩子这样说——好父母绝不对孩子说的40句话
181. 和孩子这样说话很有效——好父母常对孩子说的36句话
182. 心灵甘泉